应用技术型高等院校"十三五"规划教材

电工与电子技术基础实验教程

胡淑均　夏秋华　周天庆　戴哲转　编著

中国水利水电出版社
www.waterpub.com.cn

内 容 提 要

本教材是参照高等学校工科非电类专业学习技术基础课"电工与电子技术"的教学要求的精神而编写的，全书共分四部分。

第一部分为电工学实验预备知识，包括实验安全知识、误差的概念、常用元件的识别和仿真软件 Multisim 13 的介绍。

第二部分为电工技术实验，共有八个实验项目，包含直流电路、交流电路、动态电路和三相交流电路及电动机的控制电路。这部分是基础实验，以验证性实验为主。

第三部分为电子技术实验，共有十个实验项目，其中既包括有电子仪器的使用练习的基础实验，也有设计性综合实验、仿真实验等。实验内容难易程度覆盖了不同层次的教学要求，方便任课教师根据不同班级学生的实际水平选择不同的实验项目。

第四部分为实验报告页，为方便学生使用，本教材后面还附有实验报告页，学生也可将实验报告页裁下，做完实验后直接在实验报告页上完成实验报告的撰写，然后交给实验教师批阅。

为适应电工学实验不独立设课的教学要求，本教材中大部分实验都附有实验原理、参考电路和思考题，学生可通过自学实验原理后，自行完成实验。

图书在版编目（CIP）数据

电工与电子技术基础实验教程 / 胡淑均等编著. --北京：中国水利水电出版社，2016.7（2017.2重印）
 应用技术型高等院校"十三五"规划教材
 ISBN 978-7-5170-4575-5

Ⅰ. ①电… Ⅱ. ①胡… Ⅲ. ①电工实验－高等学校－教材②电子技术－实验－高等学校－教材 Ⅳ. ①TM②TN-33

中国版本图书馆CIP数据核字(2016)第173839号

策划编辑：雷顺加　　责任编辑：宋俊娥　　加工编辑：高双春　　封面设计：李　佳

书　　名	应用技术型高等院校"十三五"规划教材 **电工与电子技术基础实验教程**
作　　者	胡淑均　夏秋华　周天庆　戴哲转　编著
出版发行	中国水利水电出版社 （北京市海淀区玉渊潭南路1号D座　100038） 网址：www.waterpub.com.cn E-mail：mchannel@263.net（万水） 　　　　sales@waterpub.com.cn 电话：（010）68367658（营销中心）、82562819（万水）
经　　售	全国各地新华书店和相关出版物销售网点
排　　版	北京万水电子信息有限公司
印　　刷	三河市铭浩彩色印装有限公司
规　　格	184mm×260mm　16开本　7.75印张　186千字
版　　次	2016年7月第1版　2017年2月第2次印刷
印　　数	1501—2500册
定　　价	28.00元

凡购买我社图书，如有缺页、倒页、脱页的，本社营销中心负责调换

版权所有·侵权必究

前　言

伴随着现代科学技术快速发展，电工与电子技术课程的知识体系和教学理念也发生了很大的变化，现代的电工与电子技术实验教学更应该是以验证性实验为基础、设计性实验为延伸、创新性实验为高端发挥、开放型实验室为平台、学生的科技活动为实验室的无限空间扩展，它们共同构成了高等工科院校的电工与电子技术实验教学的新模式和新体系。

在实验课程的组织上要充分体现实验教学与培养能力相结合、基础理论与新技术相结合、实验教学与理论教学相结合、课内教学与课外实践相结合。这本实验教材是配合工科非电类专业"电工与电子技术"开设的实验课程而编写的，依照教学规律按照由浅入深、循序渐进的学习和能力培养原则，分层次安排实验内容，逐步加深，既相互独立，又相互联系，可根据不同专业教学需要、课时要求、培养目标进行内容取舍、组合，构建出不同的实验教学模块。编写过程既力争切合学生学习的实际情况，又结合具体实验条件，使实验内容得以实现；保障学生掌握基本电子电路原理，掌握电路性能参数的调试、测试方法和故障分析排除等基本能力。培养学生具有初步的电子电路综合分析和设计电路的能力，并具有基本的电工技能。

教材在内容组织上，既有体现电子电路基本分析、设计和实验调试方法的传统实验内容；同时也适当引入电子电路仿真的实验项目。本教材的编写由武汉轻工大学自动化教研室电工学教研小组成员胡淑均、夏秋华、周天庆、戴哲转（排名不分先后）共同完成。

本教材的编写得到了武汉轻工大学教务处长徐伟民教授、电气与电子工程学院院长周龙教授及电气与电子工程学院多位领导和同事的关心与大力支持，实验中心的常晓萍、张玉姣等老师也对初稿进行了认真审阅，提出了许多宝贵的意见和修改建议，在此一并致谢！由于编者的能力和水平有限，书中难免存在错漏和不妥之处，敬请读者批评指正。

编　者

2016 年 4 月

目　　录

前言

第一部分　电工学实验预备知识 ... 1
1-1　电工学实验守则 ... 1
1-1-1　电工学实验课的作用 ... 1
1-1-2　学生实验守则 ... 1
1-1-3　实验报告手册书写要求 ... 2
1-1-4　实验报告的评分标准 ... 2
1-2　实验测量误差概述 ... 3
1-2-1　测量误差的表示方法 ... 4
1-2-2　测量误差的分类 ... 6
1-2-3　系统误差的消除 ... 7
1-3　常用元件的识别 ... 9
1-3-1　电阻、电容、电感的识别与简单测试 ... 9
1-3-2　二极管、三极管的识别与简单测试 ... 18
1-3-3　集成电路的识别 ... 22
1-4　Multisim 13 简介 ... 26

第二部分　电工技术实验 ... 28
2-1　常用电工仪表的使用 ... 28
2-1-1　实验目的 ... 28
2-1-2　实验仪器设备 ... 28
2-1-3　实验原理 ... 28
2-1-4　实验内容及步骤 ... 30
2-1-5　实验注意事项 ... 31
2-1-6　实验思考题 ... 32
2-2　叠加定理 ... 32
2-2-1　实验目的 ... 32
2-2-2　实验仪器设备 ... 32
2-2-3　实验原理 ... 32
2-2-4　实验内容及步骤 ... 32
2-2-5　实验注意事项 ... 33
2-2-6　实验报告要求 ... 33
2-3　戴维宁定理 ... 34
2-3-1　实验目的 ... 34
2-3-2　实验仪器设备 ... 34
2-3-3　实验原理 ... 34
2-3-4　实验内容及步骤 ... 35
2-3-5　实验报告要求 ... 36
2-4　一阶 RC 电路研究 ... 36
2-4-1　实验目的 ... 36
2-4-2　实验仪器设备 ... 36
2-4-3　实验原理 ... 36
2-4-4　实验内容及步骤 ... 38
2-4-5　实验注意事项 ... 38
2-4-6　实验报告要求 ... 38
2-5　二阶 RLC 电路研究 ... 38
2-5-1　实验目的 ... 38
2-5-2　实验仪器设备 ... 39
2-5-3　实验原理 ... 39
2-5-4　实验内容及步骤 ... 41
2-5-5　实验注意事项 ... 42
2-5-6　实验报告要求 ... 42
2-6　功率因数的提高 ... 43
2-6-1　实验目的 ... 43
2-6-2　实验仪器设备 ... 43
2-6-3　实验原理 ... 43
2-6-4　实验内容及步骤 ... 44
2-6-5　实验注意事项 ... 45
2-6-6　实验报告要求 ... 45
2-6-7　实验思考题 ... 45
2-6-8　实验小资料 ... 45
2-7　三相电路的电压、电流和功率的测量 ... 46
2-7-1　实验目的 ... 46
2-7-2　实验仪器设备 ... 46
2-7-3　实验原理 ... 46
2-7-4　实验内容及步骤 ... 47

2-7-5 实验注意事项 49
2-7-6 实验报告要求 49
2-7-7 实验思考题 49
2-8 三相异步电动机控制电路设计 49
2-8-1 实验目的 49
2-8-2 实验仪器设备 50
2-8-3 实验原理 50
2-8-4 实验内容及步骤 51
2-8-5 实验注意事项 51
2-8-6 实验报告要求 52
2-8-7 实验小资料 52

第三部分　电子技术实验 54
3-1 常用电子仪器的使用 54
3-1-1 实验目的 54
3-1-2 实验仪器设备 54
3-1-3 实验仪器设备 57
3-1-4 实验内容及步骤 58
3-1-5 实验注意事项 58
3-1-6 实验思考题 58
3-2 整流、滤波与稳压电路的研究 58
3-2-1 实验目的 58
3-2-2 实验仪器设备 58
3-2-3 实验原理 59
3-2-4 实验内容及步骤 59
3-2-5 实验注意事项 59
3-2-6 实验报告要求 59
3-2-7 实验思考题 60
3-3 单级共射放大电路 60
3-3-1 实验目的 60
3-3-2 实验仪器设备 60
3-3-3 实验原理 60
3-3-4 实验内容及步骤 62
3-3-5 实验注意事项 63
3-3-6 实验报告要求 64
3-3-7 实验思考题 64
3-4 基本运算电路 64
3-4-1 实验目的 64
3-4-2 实验仪器设备 64

3-4-3 实验原理 64
3-4-4 实验内容 67
3-4-5 实验注意事项 68
3-4-6 实验报告要求 68
3-4-7 实验思考题 68
3-5 RC 正弦振荡器 68
3-5-1 实验目的 68
3-5-2 实验仪器设备 68
3-5-3 实验原理 69
3-5-4 实验内容 69
3-5-5 实验注意事项 70
3-5-6 实验报告要求 70
3-5-7 实验思考题 70
3-6 用 SSI 构成的组合逻辑电路的分析、
　　设计与调试 70
3-6-1 实验目的 70
3-6-2 实验元仪器设备 70
3-6-3 实验原理 70
3-6-4 实验内容及步骤 71
3-6-5 实验注意事项 72
3-6-6 实验报告要求 72
3-7 集成触发器 72
3-7-1 实验目的 72
3-7-2 实验仪器设备 72
3-7-3 实验原理 72
3-7-4 实验内容 73
3-7-5 实验注意事项 74
3-7-6 实验报告要求 74
3-8 计数器和寄存器 74
3-8-1 实验目的 74
3-8-2 实验仪器设备 74
3-8-3 实验原理 74
3-8-4 实验内容及步骤 77
3-8-5 实验注意事项 77
3-8-6 实验报告要求 77
3-9 555 集成定时器及应用 77
3-9-1 实验目的 77
3-9-2 实验仪器设备 78

3-9-3 实验原理 ································ 78
3-9-4 实验内容及步骤 ························ 80
3-9-5 实验注意事项 ···························· 81
3-9-6 实验报告要求 ···························· 81
3-10 智力竞赛抢答器 ································ 81
3-10-1 实验目的 ································ 81
3-10-2 实验仪器设备 ·························· 81
3-10-3 实验内容 ································ 81

第四部分　实验报告页 ···························· 83

实验 2-2　叠加定理 ······························· 83
一、实验目的 ···································· 83
二、实验原理（简述实验原理，绘制电路图） ································ 83
三、实验内容及步骤 ·························· 83
四、实验原始数据记录 ······················ 84
五、实验注意事项 ···························· 84
六、实验数据整理 ···························· 85
七、实验思考题 ································ 85

实验 2-6　功率因数的提高 ······················ 86
一、实验目的 ···································· 86
二、实验原理（简述实验原理，绘制电路图） ································ 86
三、实验内容及步骤 ·························· 86
四、实验原始数据记录 ······················ 87
五、实验注意事项 ···························· 87
六、实验数据整理 ···························· 88
七、实验思考题 ································ 88
八、实验报告要求 ···························· 89

实验 2-7　三相电路的电压、电流和功率的测量 ··· 90
一、实验目的 ···································· 90
二、实验原理（简述实验原理，绘制电路图） ································ 90
三、实验内容及步骤 ·························· 91
四、实验原始数据记录 ······················ 91
五、实验注意事项 ···························· 92
六、实验数据整理 ···························· 92
七、实验思考题 ································ 93

八、实验报告要求 ···························· 93
实验 2-8　三相异步电动机控制电路设计 ······ 94
一、实验目的 ···································· 94
二、实验原理（简述实验原理，绘制电路图） ································ 94
三、实验内容及步骤 ·························· 94
四、实验注意事项 ···························· 95
五、实验思考题 ································ 95
六、实验报告要求 ···························· 95

实验 3-2　整流、滤波与稳压电路的研究 ······ 96
一、实验目的 ···································· 96
二、实验原理 ···································· 96
三、实验内容及步骤 ·························· 96
四、实验注意事项 ···························· 97
五、实验原始数据记录 ······················ 97
六、实验数据整理 ···························· 99
七、实验思考题 ································ 98

实验 3-4　基本运算电路 ·························· 99
一、实验目的 ···································· 99
二、实验原理（简述实验原理，绘制电路图） ································ 99
三、实验内容及步骤 ·························· 99
四、实验原始数据记录 ···················· 100
五、实验注意事项 ·························· 100
六、实验数据整理 ·························· 100
七、实验报告要求 ·························· 101

实验 3-6　用 SSI 构成的组合逻辑电路的分析、设计与调试 ·················· 102
一、实验目的 ·································· 102
二、设计方案 ·································· 102
三、实验内容及步骤 ······················ 103
四、实验原始数据记录 ·················· 103
五、实验注意事项 ·························· 103
六、实验思考题 ······························ 104

实验 3-8　计数器和寄存器 ···················· 105
一、实验目的 ·································· 105
二、计数器 ······································ 105
三、寄存器 ······································ 106

四、实验注意事项 ………………… 106
　　五、实验思考题 …………………… 107
选做实验表 ……………………………… 108
　实验名称 ……………………………… 108
　　一、实验目的 ……………………… 108
　　二、实验原理（简述实验原理，绘制
　　　　电路图）…………………… 108
　　三、实验内容及步骤 ……………… 109
　　四、实验原始数据记录 …………… 109
　　五、实验注意事项 ………………… 109
　　六、实验数据整理 ………………… 109
　　七、实验思考题 …………………… 110

　　八、实验报告要求 ………………… 110
　实验名称 ……………………………… 111
　　一、实验目的 ……………………… 111
　　二、实验原理（简述实验原理，绘制
　　　　电路图）…………………… 111
　　三、实验内容及步骤 ……………… 112
　　四、实验原始数据记录 …………… 112
　　五、实验注意事项 ………………… 112
　　六、实验数据整理 ………………… 112
　　七、实验思考题 …………………… 113
　　八、实验报告要求 ………………… 113

第一部分　电工学实验预备知识

1-1　电工学实验守则

1-1-1　电工学实验课的作用

实验课是高等教育的一个重要教学环节、是理论联系实际的重要手段。通过实验巩固所学的理论知识，训练实验技能，培养学生实际工作能力。对于电工学实验课，应通过实验达到以下目的：

1. 培养学生实事求是，一丝不苟，三严（严格、严密、严肃）的科学态度，养成良好的电工实验习惯和作风。
2. 训练学生基本的实验技能，如正确使用常见的电工、电子仪器、仪表，掌握一些基本的电工测试技术，试验方法及数据分析处理方法。
3. 培养学生通过实验来观察和研究基本电磁现象及规律的能力，以巩固和扩展所学的理论知识。

1-1-2　学生实验守则

1. 实验课前要认真预习实验指导书，明确实验目的与要求，并结合实验原理复习有关理论知识，了解实验方法和步骤，做好必要的准备工作。如：做出预习报告、画出数据记录表格等；认真思考并解答预习思考题。
2. 学习实验室有关规则，按时到达实验室，不得擅自旷课、迟到、早退。进入实验室，要保持室内整洁和安静。
3. 严格遵守实验室的有关规定和仪器设备的操作规程，爱护仪器设备，出现问题应立即报告指导教师，不得自行处理，不得随意挪用与本次实验无关的设备及实验室的其他仪器设备。凡损坏仪器设备者应填写损失单，写出书面事故报告，并按规定进行赔偿。
4. 接线可按先串联后并联的原则，先接无源部分，再接电源部分。两者之间必须经过开关时，必须将所有的电源开关断开，并将可调设备的旋钮，手柄置于最安全的位置。
5. 实验进行中要胆大心细，一丝不苟。实验电路走线、布线应简洁明了、便于检查和测量。接完线路，应先自行检查，再请老师复查后方能接通电源。改接电路，必须先切断电源。
6. 实验时要注意：手合电源，眼观全局，先看现象，再读数据。保证人身和设备安全，发生事故或出现异常现象，应立即切断电源，保护现场并报告教师处理。
7. 认真观察实验现象，实事求是，所有实验测量数据应记在原始记录表上，数据记录尽量完整、清晰，力求表格化，使阅读者能够一目了然。
8. 读数前要弄清仪表的量程及刻度，读数时注意姿势正确，要求"眼、针、影成一线"。

注意仪表指针位置，及时变换量程使指针指示于误差最小的范围内，变换量程时一般要在切断电源情况下操作。

9. 实验报告上不得随意涂改，绘制表格和曲线要求用尺子或绘图工具，锻炼自己的技术报告书写能力，培养工程意识。

10. 完成实验后，先自行核对实验数据的完整性和合理性，再交给指导教师审阅后方能拆除实验线路（注意要先切断电源后拆线），并将仪器设备、导线、元件整理归位，做好台面及实验环境的清洁和整理工作。

1-1-3　实验报告手册书写要求

实验报告要用简明的形式将实验结果完整和真实地表达出来，要求文理通顺、简明扼要、字迹工整、图表清晰、结论正确、分析合理、讨论深入。一般包括以下几项：

1. 实验目的；
2. 实验仪器设备；
3. 实验原理：主要是画出实验电路图，对特殊的实验方法加以说明，对一般的方法、原理可简单叙述，不要照抄指导书；
4. 实验内容及步骤：写出具体实验步骤，将测量数据记录表格中；
5. 实验注意事项；
6. 数据处理：包括实验数据及计算结果的整理、分析、误差原因的估计等；
7. 实验思考题：回答思考问题；
8. 实验报告要求：按规定完成或回答要求内容；
9. 实验收获及体会：包括实验中发现的问题现象及事故分析，合理建议和改进意见。

报告中的所有图表、曲线均按工程化要求绘制。波形曲线比例要适中，坐标轴上应注明物理量的符号和单位。

实验报告一定要遵照教师规定的时间按时上交，经教师批改、登记后，统一放在实验室进行保管，以便于教学评估检查或有关人员查询。学生需要参考时，可向实验室提出借用。

1-1-4　实验报告的评分标准

实验报告评分一般实行等级制，也可以实行百分制。具体评分标准如下：

1. 预习报告（10分）
   （1）明确实验目的；
   （2）熟悉实验原理；
   （3）画出实验电路图；
   （4）写出实验步骤及实验注意事项。
   注：无预习报告者，不得参与实验，补做实验最高分为及格。

2. 实验操作（30分）
   （1）按时进实验室；
   （2）按照操作规程和步骤独立完成实验，记录原始数据；
   （3）实验完毕后关掉电源，清理桌面，保持室内整洁；
   （4）仪器设备无损坏。

注：若实验无法完成者，记录数据未经老师签字者，视同未做实验。
3．实验报告数据处理及分析（50分）
（1）将实验原始测量数据重新工整地整理到实验报告指定位置；
（2）计算实验中重要参数的理论值；
（3）测绘波形，根据实验结果得出结论。
4．写出实验心得及建议（5分）
5．实验报告卷面（5分）
（1）字迹工整；
（2）实验电路图用工具画出；
（3）测绘波形最好用坐标纸。
注：实验报告不认真者，老师有权不予以批阅，成绩按零分记录。

若采用 A、B、C、D、E 级别制，换算方法如下：90～100 分为 A；80～89 分为 B；70～79 分为 C；60～69 分为 D；60 分以下为 E。其余方式参照执行。

1-2　实验测量误差概述

任何测量仪器的测得值都不可能完全准确地等于被测量的真值。在实际测量过程中，人们对于客观事物认识的局限性，测量工具不准确，测量手段不完善，受环境影响和测量工作中的疏忽等，都会使测量结果与被测量的真值在数量上存在差异，这个差异称为测量误差。随着科学技术的发展，对于测量精确度的要求越来越高，要尽量控制和减小测量误差，使测量值接近真值。所以测量工作的值取决于测量的精确程度。当测量误差超过一定限度时，由测量工作和测量结果所得出的结论将是没有意义的，甚至会给工作带来危害。因此对测量误差的控制就成为衡量测量技术水平乃至科学技术水平的一个重要方面。但是，由于误差存在的必然性与普遍性，人们只能将它控制在尽量小的范围，而不能完全消除它。

实验证明，无论选用哪种测量方法，采用何种测量仪器，其测量结果总会含有误差。即使在进行高精确度的测量时，也会经常发现同一被测对象的前次测量结果与后次测量结果存在差异，用这一台仪器和用那一台仪器测量得的结果也存在差异，甚至同一位测量人员在相同的环境下，用同一台仪器进行的两次测量也存在误差，且这些误差又不一定相等，被测对象虽然只有一个，但测得的结果却往往不同。当测量方法先进，测量仪器准确时，测量的结果会更加接近被测量对象的实际状态，测试测量的误差小、准确度高。但是，任何先进的测量方法，任何准确量的误差都不等于零。或者说，只要有测量，必然有测量结果，有测量结果必然产生误差。误差自始至终存在于一切科学实验和测量的全过程之中，不含误差的测量结果是不存在的，这就是误差公理。重要的是要知道实际测量的精确程度和产生误差的原因。

研究误差的目的，归纳起来有以下几个方面。
（1）正确认识误差产生的原因和性质，以减少测量误差；
（2）正确处理测量数据，以得到接近真值的结果；
（3）合理地制定测量方案，组织科学实验，正确地选择测量方法和测量仪器，以便在条件允许的情况下得到理想的测量结果；
（4）在设计仪器时，由于理论不完善，计算时采用近似公式，忽略了微小因素的作用，从而导致了仪器原理设计误差，它必然影响测量的准确性。因此设计时必须要用误差理论进行分析并适当控制这些误差因素，使仪器的测量准确程度达到设计要求。

可见，误差理论已经成为从事测量技术和仪器设计、制造技术的科技人员所不可缺少的重要理论知识，它同任何其他科学理论一样，将随着生产和科学技术的发展而进一步得到发展和完善，因此正确认识与处理测量误差是十分重要的。

1-2-1 测量误差的表示方法

测量误差可表示为4种形式。

1. 绝对误差

绝对误差定义为由测量所得的示值与真值之差，即

$$\Delta A = A_x - A_0 \tag{1-1}$$

式中，ΔA——绝对误差；

A_x——示值，在具体应用中，示值可以用测量结果的测量值、标准量具的标称值、标准信号源的调定值和定值代替；

A_0——被测量的真值，由于真值的不可知性，常用约定真值和相对真值代替。绝对误差可正可负，且是一个有单位的物理量。绝对误差的负值称为修正值，也称补值，一般用 C 表示，即

$$C = -\Delta A = A_0 - A_x \tag{1-2}$$

测量仪器的修正值一般是通过计量部门检定给出。从定义不难看出，测量时利用示值与已知的修正值相加就可获得相对真值，即实际值。

2. 相对误差

相对误差定义为绝对误差与被测量真值之比，一般用百分数形式表示，即

$$\gamma_0 = \Delta A / A_0 \times 100\% \tag{1-3}$$

这里真值A_0也用约定真值或相对真值代替。但在约定真值或相对真值无法知道时，往往用测量值（示值）代替，即

$$\gamma_x = \Delta A / A_x \times 100\% \tag{1-4}$$

应注意，在误差比较小时，γ_0和γ_x相差不大，无需区别，但在误差比较大时，两者相差悬殊，不能混淆。为了区别，通常把γ_0称为真值相对误差或实际值相对误差，而把γ_x称为示值相对误差。

在测量实践中，常常使用相对误差来表示测量的准确程度，因为它方便、直观。相对误差越小，测量的准确度就越高。

3. 引用误差

引用误差定义为绝对误差与测量仪表量程之比，用百分数表示，即

$$\gamma_n = \Delta A / A_m \times 100\% \tag{1-5}$$

式中，γ_n——引用误差；

A_m——测量仪表的量程。

测量仪表各指示（刻度）值得绝对误差有正有负，有大有小。所以，确定测量仪表的准确度等级应用最大引用误差，即绝对误差的最大绝对值$|\Delta A|_m$与量程之比。若用γ_{nm}表示最大引用误差，则有

$$\gamma_{nm} = |\Delta A|_m \big/ A_m \times 100\% \tag{1-6}$$

国家标准 GB776-76《测量指示仪表通用技术条件》规定，电测量仪表的准确度等级指数α分为：0.1、0.2、0.5、1.0、1.5、2.5、5.0 共 7 级。它们的基本误差（最大引用误差）不能超过仪表准确度等级指数α的百分数，即

$$\gamma_{nm} \leq \alpha\% \tag{1-7}$$

依照上述规定，不难看出：电工测量仪器在使用时所产生的最大可能误差可由下式求出。

$$\Delta A_m = \pm A_m \times \alpha\% \tag{1-8}$$

$$\gamma_x = \pm(A_m/A_x) \times \alpha\% \tag{1-9}$$

引用误差是为了评价测量仪表的准确度等级而引入的，它可以较好地反映仪表的准确度，引用误差越小，仪表的准确度越高。

【例】某 1.5 级电压表，量程为 500V，当测量值分别为$U_1 = 500V, U_2 = 250V, U_3 = 100V$时，试求出测量值的（最大）绝对误差和示值相对误差。

解：根据式（1-8）可得绝对误差

$$\Delta U_1 = \Delta U_2 = \Delta U_3 = \pm 500 \times 1.5\% V = \pm 7.5 V$$

$$\gamma_{U_1} = \Delta U_1 \big/ U_1 \times 100\% = (\pm 7.5/500) \times 100\% = \pm 1.5\%$$

$$\gamma_{U_2} = \Delta U_2 \big/ U_2 \times 100\% = (\pm 7.5/250) \times 100\% = \pm 3.0\%$$

$$\gamma_{U_3} = \Delta U_3 \big/ U_3 \times 100\% = (\pm 7.5/100) \times 100\% = \pm 7.5\%$$

由上例不难看出：测量仪表产生的示值测量误差γ_x不仅与所选仪表等级指数α有关，而且与所选仪表的量程有关。量程A_m和测量值A_x相差越小，测量准确度越高。所以，在选择仪表量程时，测量值应尽可能接近仪表满刻度值，一般不小于满刻度值的 2/3。这样，测量结果的相对误差将不会超过仪表准确度等级指数百分数的 1.5 倍。这一结论只适用于以标度尺上量限的百分数划分仪表准确度等级的一类仪表，如电流表、电压表、功率表，而对于测量电阻的普通型电阻表是不适用的，因为电阻表的准确度等级是以标度尺长度的百分数划分的。可以证明电阻表的示值接近其中值电阻时，测量误差最小，准确度最高。

4．容许误差

容许误差是指测量仪器在使用条件下可能产生的最大误差范围，它是衡量测量仪器质量的最重要的指标。测量仪器的准确度、稳定度等指标都可以用容许误差来表征。按 SJ943-82《电子仪器误差的一般规定》的规定，容许误差可用工作误差、固有误差、影响误差、稳定性误差来描述。

工作误差。工作误差是在额定工作条件下仪器误差极限值，即来自仪器外部的各种影响量和仪器内部的影响特性为任意可能的组合时，仪器误差可能达到的最大极限值。这种表示方式的优点是使用方便，即可利用工作误差直接估计测量结果误差的最大范围。不足的是由

工作误差估计的测量误差一般偏大。

固有误差。固有误差是当仪器的各种影响量和影响特性处于基准条件下时仪器所具有的误差。由于基准条件比较严格，所以，固有误差可以更准确地反应仪器所固有的性能，便于在相同条件下对同类仪器进行对比和校准。

影响误差。影响误差是当一个影响量处于额定使用范围内，而其他所有影响量处在基准条件时仪器所具有的误差，如频率误差、温度误差等。

稳定性误差。稳定性误差是在其他影响量和影响特性保持不变的情况下，在规定的时间内，仪器输出的最大值或最小值与其标称值的偏差。

容许误差通常用绝对误差表示。测量仪器的各刻度值的绝对误差有明显的特征：其一是存在与示值A_x无关的固定值，当被测量为零时，可以发现它；其二是绝对误差随示值A_x线性增大。因此其具体表示方法有以下三种可供选择。

$$\Delta = \pm(A_x\alpha\% + A_m\beta\%) \tag{1-10}$$

$$\Delta = \pm(A_x\alpha\% + n个字) \tag{1-11}$$

$$\Delta = \pm(A_x\alpha\% + A_m\beta\% + n个字) \tag{1-12}$$

式中，A_x——测量值或示值；

A_m——量限或量程值；

α——误差的相对项系数；

β——固定项系数。

式（1-11）、式（1-12）主要用于数字仪表的误差表示，"n个字"所表示的误差值是数字仪表在给定量限下分辨力的 n 倍，即末位一个字所代表的被测量值的 n 倍。显然，这个值与数字仪器的量限和显示位数密切相关，量限不同，显示位数不同，"n个字"表示的电压误差是 4mV，而在 10V 量限时，"n个字"表示的电压误差是 40mV。通常仪器准确度等级指数由α与β之和来决定，即$a = \alpha + \beta$。

1-2-2 测量误差的分类

根据误差的性质，测量误差可分为系统误差、随机误差和疏失误差三类。

1. 系统误差

在相同条件下，多次测量同一个量值时，误差的绝对值和符号保持不变，或在条件改变时，按一定规律变化的误差称为系统误差。产生这种误差的原因有以下几种：

（1）测量仪器设计原理不完善及制作上有缺陷。如刻度的偏差，刻度盘或指针安装偏差，使用时零点偏移，安放位置不当等；

（2）测量时的实际温度、湿度及电源电压等环境条件与仪器要求的条件不一致等；

（3）测量方法不正确；

（4）测量人员估计读数时，习惯偏于某一方向或有滞后倾向等原因所引起的误差。

对于在条件改变时，仍然按一个确定规律变化的误差也是系统误差。

值得指出的是，被测量通过直接测量的数据再用理论公式推算出来时，其误差也属于系统误差。例如用平均值表示测量非正弦电压进行波形换算时的定度系数为

$$K_a = \pi / 2\sqrt{2} \approx 1.11 \tag{1-13}$$

式中 π 和 $\sqrt{2}$ 均为无理数，所以取得 1.11 是一个近似值，由它计算出来的结果显然是一个近似值。因为它是由间接的计算造成的，用提高测量准确度或多次测量取平均值的方法均无效，只有用修正理论公式的方法来消除它，这是它的特殊性。但是，因为它产生的误差是有规律的，所以一般也把它归到系统误差范畴内。

系统误差的特点是，测量条件已经确定，误差就是一个确定的数值。用多次测量取平均值的方法，并不能改变误差的大小。系统误差产生的原因是多方面的，但它是规律的误差。针对其产生的根源采取一定的技术措施，可减少它的影响。例如，仪器不准时，通过校验取得修正值，即可减小系统误差。

2．随机误差（偶然误差）

在相同条件下，多次重复测量同一个量值时，误差的绝对值和符号均以不可预定方式变化的误差称为随机误差。产生这种误差的原因有以下几类：

（1）测量仪器中零部件配合的不稳定或有摩擦，仪器内部器件产生噪声等；

（2）温度及电源电压的频繁波动，电磁场干扰，地基振动等；

（3）测量人员感觉器官的无规律变化，度数不稳定等原因所引起的误差均可造成随机误差，使测量值产生上下起伏的变化。

就一次测量而言，随机误差没有规律，不可预测。但是当测量次数足够多时，其总体服从统计的规律，多数情况下接近于正态分布。

随机误差的特点是：在多次测量中误差绝对值的波动有一定的界限，即具有有界性；正负误差出现的概率相同，即具有对称性。

根据以上特点，可以通过对多次的量值取算术平均值的方法来削弱随机误差对测量结果的影响。因此，对于随机误差可以用数理统计的方法来处理。

3．疏失误差（粗大误差）

在一定的测量条件下，测量值明显地偏离被测量的真值所形成的误差称为疏失误差。产生这种误差的原因有以下几类：

（1）一般情况下，它不是仪器、仪表本身所固有的，主要是由于测量过程中的疏忽大意造成的。例如测量者身体过于疲劳，缺乏经验，操作不当或工作责任心不强等原因造成读错刻度、记错读数或计算错误。这是产生疏失误差的主观原因。

（2）由于测量条件的突然变化，如电源电压、机械冲击等引起仪器示值的改变。这是产生疏失误差的客观原因。

含有疏失误差的测量数据是对被测量的歪曲，称为坏值，一经确认应该剔除不用。

1-2-3　系统误差的消除

对于测量者，要善于找出产生系统误差的原因并采用相应的有效措施以减少误差的有害作用。它与测量对象，测量方法，仪器、仪表的选择以及测量人员的实践经验密切相关。下面介绍几种常用的减小系统误差的方法。

1．从产生系统误差的原因采取措施

接受一项测量任务后，首先要研究被测量对象的特点，选择适合的测量方法和测量仪器、仪表，并合理选择所用仪表的精度等级和量程上限；选择符合仪表标准工作条件的测量工作环境（如温度、湿度、大气压、交流电源电压、电源工作频率、振动、电磁场干扰等），必要时可采用稳压、恒压、恒温、恒湿、散热、防振和屏蔽接地等措施。

测量时应提高测量技术水平，增强工作人员的责任心，克服由主观原因所造成的误差。为避免读数或记录出错，必要时可用数字仪表代替指针式仪表，用打印代替人工抄写等。

总之，在测量之前，尽量消除产生误差的根源，从而减小系统误差的影响。

2．利用修正的方法来消除

修正的办法是消除或减弱系统误差的常用方法，该方法在智能化仪表中得到了广泛应用。所谓修正的方法就是在测量前或测量过程中，求取某类系统误差的修正值，而在测量的数据处理过程中手动或自动地将测量读数或结果与修正值相加，于是，就从测量读数或结果中消除或减弱了该类系统误差。若用 C 表示某类系统误差的修正值，用 A_x 表示测量读数或结果，则不含该类系统误差的测量读数或结果 A 可用下式表示：

$$A = A_x + C \tag{1-14}$$

修正值的求取有以下三种途径。

（1）从有关资料中查取。如仪器、仪表的修正值可从该表的检定证书中获取。

（2）通过理论推导求取。如指针式电流表、电压表内阻不够小或不够大引起误差的修正值可由下式表示：

$$C_A = {R_A}/{R_{ab}} I_x \tag{1-15}$$

$$C_V = {R_{ab}}/{R_V} U_x \tag{1-16}$$

式中，C_A，C_V——电流表、电压表读数的修正值；

R_A，R_V——电流表、电压表量程对应的内阻；

R_{ab}——被测网络的等效含源支路的输入端电阻；

I_x，U_x——电流表、电压表读数的读数。

通过实验求取对影响测量读数（结果）的各种影响因素，如温度、湿度、频率、电源电压等变化引起的系统误差，可通过实验作出相应的修正曲线或表格，供测量时使用。对不断变化的系统的系统误差，如仪器的零点误差、增益误差等可采取边测量、边修正的方法解决。智能化仪表中采用的三步测量、实时校准均源于此法。

3．利用特殊的测量方法消除

系统误差的特点是大小、方向恒定不变，具有可预见性，所以可用特殊的测量方法消除。

（1）替代法。替代法是比较测量法的一种，它是先将被测量 A_x 接在测量装置上，调节测量装置处于某一状态，然后用与被测量相同的同类标准量 A_N 替代 A_x，调节标准量 A_N，使测量装置恢复原状态，则被测量等于调整后的标准量，即 $A_N = A_x$。例如在电桥上用替代法测电阻，先把被测电阻 R_x 接入电桥，调节电桥比例臂 R_1、R_2 和比较臂 R_3，使电桥平衡，则 $R_x = (R_1/R_2)R_3$。

显然桥臂参数的误差会影响测量结果。若以标准量电阻 R_N 代替被测 R_x 接入电桥，调节 R_N 使电桥重新平衡，则 $R_N = (R_1/R_2)R_3$。

显然 $R_x = R_N$，且桥臂参数的误差不影响测量结果，R_x 仅取决于 R_N 的准确度等级。

可见替代法的特点是测量装置的误差不影响测量结果，但测量装置要求必须具有一定的稳定性和灵敏度。

（2）交换法。当某因素可能使测量结果产生单一方向的系统测量误差时，可利用交换位置或改变测量方向等方法，测量两次，并对两次的测量结果取平均值，即可大大减弱甚至抵消由此引起的系统误差。例如用交流表测量某电流时，可将电流表放置位置旋转180°再测，取两次测量结果的平均值，即可减弱或消除外磁场引起的系统误差。

（3）抵消法（正负误差补偿法）。这种方法要求进行两次测量，改变测量中某一条件，如测量方向，使两次测量结果中的误差大小相等、符号相反，取两次测量值的平均值作为测量结果，即可消除系统误差。

此外，减小系统误差的方法还有很多，只要事先仔细研究，判清系统误差的属性，适当选择测量方法就能部分或大体上消除系统误差。

1-3　常用元件的识别

1-3-1　电阻、电容、电感的识别与简单测试

1. 电阻的识别与检测

（1）电阻基础知识。

电阻参数的识读主要有标称阻值、功率以及误差。在电路原理图中，固定电阻通常用大写英文字母 R 表示，可变电阻通常用大写英文字母 W 表示，排阻通常用大写英文字母 RN 表示。电阻值大小的基本单位是欧姆（Ω），简称欧。常用单位还有千欧（kΩ）、兆欧（MΩ）。电阻的额定功率是指电阻在电路中长时间连续工作而不损坏，或不显著改变其性能所允许消耗的最大功率。电阻的标称阻值通常是指电阻体表面上标注的电阻值，简称阻值。国家标准规定了电阻的阻值按其精度分为两大系列，分别为E-24系列和E-96系列，E-24系列精度为5%，E-96系列为1%。还有E12（误差±10%）和E6（误差±20%）系列。

（2）电阻的阻值表示方法。

1）直标法。

直标法是一种常见标注方法，特别是在体积较大（功率大）的电阻器上采用。它将该电阻器的标称阻值、误差、功率等参数直接标注在电阻器表面，如图1-3-1所示。

例如：电阻体上标注 20W6R8J

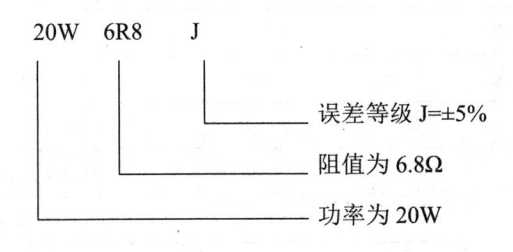

```
20W    6R8    J
               └── 误差等级 J=±5%
        └───── 阻值为 6.8Ω
└──────────── 功率为 20W
```

图1-3-1　直标法

2）文字符号法。

文字符号法就是将电阻的标称值和误差用数字和文字符号按一定的规律组合标识在电阻

体上，如图 1-3-2 所示。

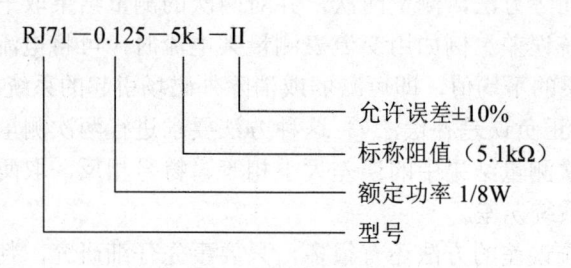

```
RJ71－0.125－5k1－II
          │    │   │   │
          │    │   │   └─ 允许误差±10%
          │    │   └─ 标称阻值（5.1kΩ）
          │    └─ 额定功率 1/8W
          └─ 型号
```

图 1-3-2　文字符号法

3）色标法。

色标法是将电阻的类别及主要技术参数的数值用颜色（色环或色点）标注在它的外表面上。色标电阻（色环电阻）可分为三环、四环、五环三种标法。

色环电阻无论是采用三色环，还是四色环、五色环，关键色环都是第三环或第四环，因为该色环的颜色代表电阻值有效数字的倍率。要想快速识别色环电阻，关键在于根据第三环（三环电阻、四环电阻）、第四环（五环电阻）的颜色把阻值确定在某一数量级范围内，再将前两环读出的数"代"进去，这样可很快读出数来。

对于五环电阻而言，第一、二、三色环表示阻值的有效数字，第四环表示乘倍数（零的个数），第五色环为电阻的误差等级。各种色环的含义见表 1-3-1。

表 1-3-1　色环颜色所代表的数字或意义

颜色	第一数字	第二数字	第三数字（5 环电阻）	乘数	误差
黑	0	0	0	$10^0=1$	
棕	1	1	1	$10^1=10$	±1%
红	2	2	2	$10^2=100$	±2%
橙	3	3	3	$10^3=1000$	
黄	4	4	4	$10^4=10000$	
绿	5	5	5	$10^5=100000$	±0.5%
蓝	6	6	6		±0.25%
紫	7	7	7		±0.1%
灰	8	8	8		
白	9	9	9		
金	注：第 3 数字是五色环电阻才有			$10^{-1}=0.1$	±5%
银				$10^{-2}=0.01$	±10%

如误差位无色，代表 20%的误差。

4）数码表示法。

数码法是在电阻体的表面用三位数字或两位数字加 R 来表示标称值的方法，称为数码表示法。该方法常用于贴片电阻、排阻等。

① 三位数字标注法。

标注为"103"的电阻其阻值为 $10\times10^3=10\text{k}\Omega$，如图 1-3-3 所示。

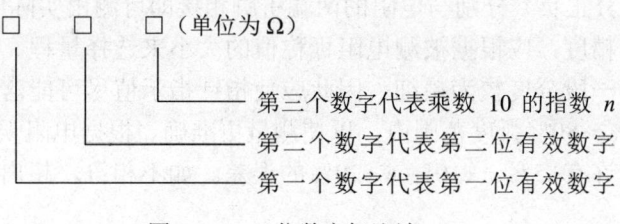

□ □ □ （单位为 Ω）
    └── 第三个数字代表乘数 10 的指数 *n*
   └── 第二个数字代表第二位有效数字
  └── 第一个数字代表第一位有效数字

图 1-3-3　三位数字标注法

② 二位数字后加 R 标注法。

标注为"51R"的电阻其电阻值为 51Ω，如图 1-3-4 所示。

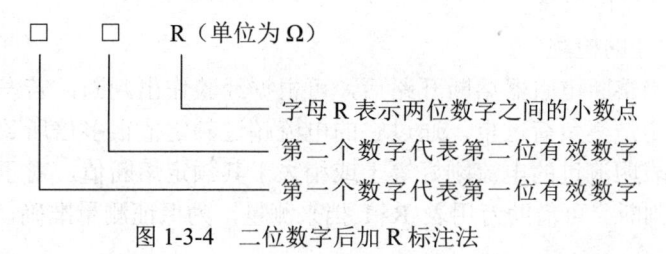

□ □ R （单位为 Ω）
    └── 字母 R 表示两位数字之间的小数点
   └── 第二个数字代表第二位有效数字
  └── 第一个数字代表第一位有效数字

图 1-3-4　二位数字后加 R 标注法

③ 二位数字中间加 R 标注法。

标注为"9R1"的电阻其阻值为 9.1Ω，如图 1-3-5 所示。

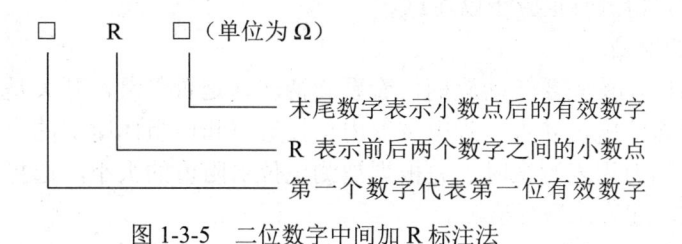

□ R □ （单位为 Ω）
    └── 末尾数字表示小数点后的有效数字
   └── R 表示前后两个数字之间的小数点
  └── 第一个数字代表第一位有效数字

图 1-3-5　二位数字中间加 R 标注法

④ 四位数字标注法。

标注为"5232"的电阻其阻值为 $523\times10^2=52.3\text{k}\Omega$，如图 1-3-6 所示。

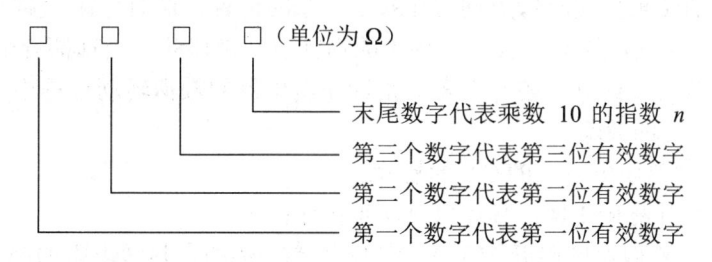

□ □ □ □ （单位为 Ω）
     └── 末尾数字代表乘数 10 的指数 *n*
    └── 第三个数字代表第三位有效数字
   └── 第二个数字代表第二位有效数字
  └── 第一个数字代表第一位有效数字

图 1-3-6　四位数字标注法

（3）电阻的检测。

1）固定电阻器的检测。

将两表笔（不分正负）分别与电阻的两端引脚相接即可测出实际电阻值。

为了提高测量精度，应根据被测电阻标称值的大小来选择量程。由于欧姆挡刻度的非线性关系，它的中间一段分度较为精细，因此应使指针指示值尽可能落到刻度的中段位置，即全刻度起始的 20%~80% 弧度范围内，以使测量更准确。根据电阻误差等级不同，读数与标称阻值之间分别允许有±5%、±10%或±20%的误差。如不相符，超出误差范围，则说明该电阻值变值了。

注意：测试时，特别是在测几十 kΩ 以上阻值的电阻时，手不要触及表笔和电阻的导电部分；被检测的电阻从电路中焊下来，至少要焊开一个头，以免电路中的其他元件对测试产生影响，造成测量误差；色环电阻的阻值虽然能以色环标志来确定，但在使用时最好还是用万用表测试一下其实际阻值。

2）熔断电阻器的检测。

在电路中，当熔断电阻器熔断开路后，可根据经验作出判断：若发现熔断电阻器表面发黑或烧焦，可断定是其负荷过重，通过它的电流超过额定值很多倍所致；如果其表面无任何痕迹而开路，则表明流过的电流刚好等于或稍大于其额定熔断值。对于表面无任何痕迹的熔断电阻器好坏的判断，可借助万用表 R×1 挡来测量，为保证测量准确，应将熔断电阻器一端从电路上焊下。

若测得的阻值为无穷大，则说明此熔断电阻器已失效开路，若测得的阻值与标称值相差甚远，表明电阻变值，也不宜再使用。在维修实践中发现，也有少数熔断电阻器在电路中被击穿短路的现象，检测时也应予以注意。

3）电位器的检测。

检查电位器时，首先要转动旋柄，看看旋柄转动是否平滑，开关是否灵活，开关通、断时"喀哒"声是否清脆，并听一听电位器内部接触点和电阻体摩擦的声音，如有"沙沙"声，说明质量不好。用万用表测试时，先根据被测电位器阻值的大小，选择好万用表的合适电阻挡位，然后可按下述方法进行检测。

① 用万用表的欧姆挡测 1、2 两端，其读数应为电位器的标称阻值，如万用表的指针不动或阻值相差很多，则表明该电位器已损坏。

② 检测电位器的活动臂与电阻片的接触是否良好。用万用表的欧姆挡测1、2（或2、3）两端，将电位器的转轴按逆时针方向旋至接近"关"的位置，这时电阻值越小越好。再顺时针慢慢旋转轴柄，电阻值应逐渐增大，表头中的指针应平稳移动。当轴柄旋至极端位置 3 时，阻值应接近电位器的标称值。如万用表的指针在电位器的轴柄转动过程中有跳动现象，说明活动触点有接触不良的故障。

4）正温度系数热敏电阻（PTC）的检测。

检测时，用万用表 R×1 挡，具体可分两步操作：

① 常温检测（室内温度接近 25℃）：将两表笔接触 PTC 热敏电阻的两引脚测出其实际阻值，并与标称阻值相对比，二者相差在±2Ω 内即为正常。实际阻值若与标称阻值相差过大，则说明其性能不良或已损坏。

② 加温检测：在常温测试正常的基础上，即可进行第二步测试——加温检测，将一热源

（例如电烙铁）靠近PTC热敏电阻对其加热，同时用万用表监测其电阻值是否随温度的升高而增大，如是，说明热敏电阻正常，若阻值无变化，说明其性能劣化，不能继续使用。注意不要使热源与PTC热敏电阻靠得过近或直接接触热敏电阻，以防止将其烫坏。

2. 电容的识别与检测

（1）电容基础知识。

电容器是一种储能元件，在电路中用于调谐、滤波、耦合、旁路、能量转换和延时。电容器通常叫做电容。

按其结构可分为固定电容器、半可变电容器、可变电容器三种。

常用的电容器按其介质材料可分为电解电容器、云母电容器、瓷介电容器、玻璃釉电容等。

1）铝电解电容。

由铝圆筒做负极，里面装有液体电解质，插入一片弯曲的铝带做正极制成。还需要经过直流电压处理，使正极片上形成一层氧化膜做介质。它的特点是容量大，但是漏电大，误差大，稳定性差，常用作交流旁路和滤波，在要求不高时也用于信号耦合。电解电容有正负极之分，使用时不能接反。

2）纸介电容。

用两片金属箔做电极，夹在极薄的电容纸中，卷成圆柱形或者扁柱形芯子，然后密封在金属壳或者绝缘材料（如火漆、陶瓷、玻璃釉等）壳中制成。它的特点是体积较小，容量可以做得较大。但是固有电感和损耗都比较大，适用于低频电路。

3）陶瓷电容。

用陶瓷做介质，在陶瓷基体两面喷涂银层，然后烧成银质薄膜做极板制成。它的特点是体积小、耐热性好、损耗小、绝缘电阻高但容量小，适宜用于高频电路。铁电陶瓷电容容量较大，但是损耗和温度系数较大，适用于低频电路。

4）云母电容。

用金属箔或者在云母片上喷涂银层做电极板，极板和云母一层一层叠合后，再压铸在胶木粉或封固在环氧树脂中制成。它的特点是介质损耗小、绝缘电阻大、温度系数小，适用于高频电路。

5）可变电容。

由一组定片和一组动片组成，它的容量随着动片的转动可以连续改变。把两组可变电容装在一起同轴转动，叫做双联。可变电容的介质有空气和聚苯乙烯两种。空气介质可变电容体积大，损耗小，多用在电子管收音机中。聚苯乙烯介质可变电容做成密封式的，体积小，多用在晶体管收音机中。

（2）主要性能指标。

标称容量和允许误差：电容器储存电荷的能力，常用的单位是F、μF、pF。电容器上标有的电容数是电容器的标称容量。电容器的标称容量和它的实际容量会有误差。常用直标法、罗马数字标记法、字母标记法等方法把误差标记在电容器外表上。例如电容器上标记的"±5%"，就是电容误差的直标法；常用的字母符号F、G、J、K、M对应的允许误差就是±1%、±2%、±5%、±10%、±20%；常用的罗马数字标记法如表1-3-2。一般情况下，电容器上都直接写出其容量，也有用数字来标志容量的，通常在容量小于10000pF的时候，用pF做单位，大于10000pF的时候，用μF做单位。为简便起见，大于100pF而小于1μF的电容常常不标单位。没有小数点的,它的单位是pF,有小数点的,它的单位是μF。如有的电容上标有"332"(3300pF)三位有效数字,左起两位给出电容量的第一、二位数字,而第三位数字则表示在后加0的个数,单位是pF。

额定工作电压:在规定的工作温度范围内,电容长期可靠地工作,它能承受的最大直流电压,就是电容的耐压,也叫做电容的直流工作电压。如果在交流电路中,要注意所加的交流电压最大值不能超过电容的直流工作电压值。常用的固定电容工作电压有 6.3V、10V、16V、25V、50V、63V、100V、250V、400V、500V、630V、1000V。

表 1-3-2 罗马数字标记法

允许误差	±2%	±5%	±10%	±20%	(+20%~30%)	(+50%~20%)	(+100%~10%)
级别	02	I	II	III	IV	V	VI

(3)电容器检测的一般方法。

选用测量电容值的电容表或者数字万用表的电容挡进行测试。如万用表无电容挡时,也可选用万用表的电阻挡进行估测,具体方法如下:

1)固定电容器的检测。

① 检测 10pF 以下的小电容。因 10pF 以下的固定电容器容量太小,用万用表进行测量,只能定性地检查其是否有漏电、内部短路或击穿现象。测量时,可选用万用表 R×10k 挡,用两表笔分别任意接电容的两个引脚,阻值应为无穷大。若测出阻值(指针向右摆动)为零,则说明电容漏电损坏或内部击穿。

② 检测 10pF~0.01μF 固定电容器是否有充电现象,进而判断其好坏。万用表选用 R×1k 挡。两只三极管的 β 值均为 100 以上,且穿透电流要小。可选用 3DG6 等型号硅三极管组成复合管。万用表的红和黑表笔分别与复合管的发射极 E 和集电极 C 相接。由于复合三极管的放大作用,把被测电容的充放电过程予以放大,使万用表指针摆幅度加大,从而便于观察。应注意的是:在测试操作时,特别是在测较小容量的电容时,要反复调换被测电容引脚接触 A、B 两点,才能明显地看到万用表指针的摆动。

③ 对于 0.01μF 以上的固定电容,可用万用表的 R×10k 挡直接测试电容器有无充电过程以及有无内部短路或漏电,并可根据指针向右摆动的幅度大小估计出电容器的容量。

2)电解电容器的检测。

① 因为电解电容的容量较一般固定电容大得多,所以,测量时应针对不同容量选用合适的量程。根据经验,一般情况下,1~47μF 间的电容,可用 R×1k 挡测量,大于 47μF 的电容可用 R×100 挡测量。

② 将万用表红表笔接负极,黑表笔接正极,在刚接触的瞬间,万用表指针即向右偏转较大偏度(对于同一电阻挡,容量越大,摆幅越大),接着逐渐向左回转,直到停在某一位置。此时的阻值便是电解电容的正向漏电阻,此值略大于反向漏电阻。实际使用经验表明,电解电容的漏电阻一般应在几百 kΩ 以上,否则,将不能正常工作。在测试中,若正向、反向均无充电的现象,即表针不动,则说明容量消失或内部断路;如果所测阻值很小或为零,说明电容漏电大或已击穿损坏,不能再使用。

③ 对于正、负极标志不明的电解电容器,可利用上述测量漏电阻的方法加以判别。即先任意测一下漏电阻,记住其大小,然后交换表笔再测出一个阻值。两次测量中阻值大的那一

次便是正向接法，即黑表笔接的是正极，红表笔接的是负极。

④ 使用万用表电阻挡，采用给电解电容进行正、反向充电的方法，根据指针向右摆动幅度的大小，可估测出电解电容的容量。

3）可变电容器的检测。

① 用手轻轻旋动转轴，应感觉十分平滑，不应感觉有时松时紧甚至卡滞现象。将转轴向前、后、上、下、左、右等各个方向推动时，转轴不应有松动的现象。

② 用一只手旋动转轴，另一只手轻摸动片组的外缘，不应感觉有任何松脱现象。转轴与动片之间接触不良的可变电容器，是不能再继续使用的。

③ 将万用表置于 R×10k 挡，一只手将两个表笔分别接可变电容器的动片和定片的引出端，另一只手将转轴缓缓旋动几个来回，万用表指针都应在无穷大位置不动。在旋动转轴的过程中，如果指针有时指向零，说明动片和定片之间存在短路点；如果碰到某一角度，万用表读数不为无穷大而是出现一定阻值，说明可变电容器动片与定片之间存在漏电现象。

3. 电感的识别与检测

（1）电感基础知识。

电感器，简称电感，是将电能转换为磁能并储存起来的元件，在电子系统和电子设备中必不可少。其基本特性如下：通低频、阻高频、通直流、阻交流。电感在电路中主要用于耦合、滤波、缓冲、反馈、阻抗匹配、振荡、定时、移相等。

电感总体上可以归为两大类：一类是自感线圈或变压器；一类是互感变压器。

电感线圈有小型固定电感线圈、空心线圈、扼流圈、可变电感线圈、微调电感线圈等。

1）小型固定电感线圈。

小型固定电感线圈是将线圈绕制在软磁铁氧体的基础上，然后再用环氧树脂或塑料封装起来制成。小型固定电感线圈外形结构主要有立式和卧式两种。

2）空心线圈。

空心线圈是用导线直接绕制在骨架上而制成。线圈内没有磁芯或铁芯，通常线圈绕的匝数较少，电感量小，如图 1-3-7 所示。

图 1-3-7 空心线圈

3）扼流圈。

扼流圈有低频扼流圈和高频扼流圈两大类。

① 低频扼流圈：低频扼流圈又称滤波线圈，一般由铁芯和绕组等构成，如图 1-3-8 所示。

图 1-3-8　低频扼流圈

② 高频扼流圈：高频扼流圈用在高频电路中，主要起阻碍高频信号通过的作用，如图 1-3-9 所示。

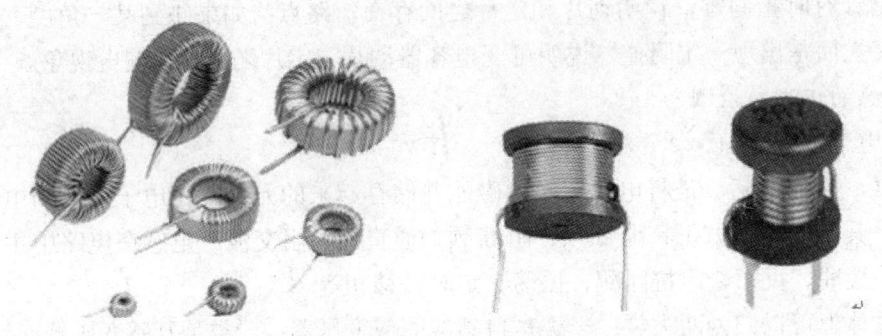

图 1-3-9　高频扼流圈

（2）电感的识别。

在电路原理图中，电感常用符号"L"或"T"表示，不同类型的电感在电路原理图中通常采用不同的符号来表示，如图 1-3-10 所示。

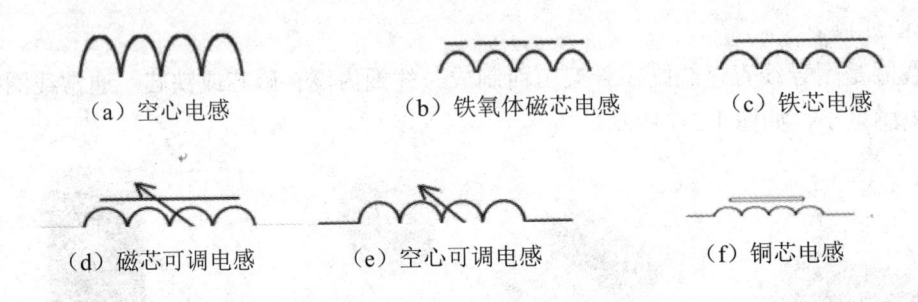

（a）空心电感　　　　（b）铁氧体磁芯电感　　　　（c）铁芯电感

（d）磁芯可调电感　　（e）空心可调电感　　　　　（f）铜芯电感

图 1-3-10　不同类型的电感符号

电感量的基本单位是亨利（H），简称亨，常用单位有毫亨（mH）、微亨（μH）和纳亨（nH）。他们之间的换算关系为 $1H=10^3mH=10^6\mu H=10^9nH$。

电感的主要技术指标：

1）电感量：电感量表示电感线圈工作能力的大小；

2）固有电容：电感线圈的分布电容是指线圈的匝数之间形成的电容效应；

3）品质因数 Q：电感的品质因数 Q 是线圈质量的一个重要参数，它表示在某一工作频率下，线圈的感抗对其等效直流电阻的比值；

4）额定电流：线圈中允许通过的最大电流；

5）线圈的损耗电阻：线圈的直流损耗电阻。

（3）电感的表示方法。

1）直标法。

直标法是将电感的标称电感量用数字和文字符号直接标在电感体上，电感量单位后面的字母表示偏差。

2）文字符号法。

文字符号法是将电感的标称值和偏差值用数字和文字符号法按一定的规律组合标示在电感体上。采用文字符号法表示的电感通常是一些小功率电感，单位通常为 nH 或 μH。用 μH 做单位时，"R"表示小数点；用"nH"做单位时，"N"表示小数点。

3）色标法。

色标法是在电感表面涂上不同的色环来代表电感量（与电阻类似），通常用三个或四个色环表示。识别色环时，紧靠电感体一端的色环为第一环，露出电感体本色较多的另一端为末环。注意：用这种方法读出的色环电感量，默认单位为微亨（μH）。

4）数码表示法。

数码表示法是用三位数字来表示电感量的方法，常用于贴片电感上，如图1-3-11所示。

图1-3-11 数码表示法

三位数字中，从左至右的第一、第二位为有效数字，第三位数字表示有效数字后面所加"0"的个数。

注意： 用这种方法读出的色环电感量，默认单位为微亨（μH）。如果电感量中有小数点，则用"R"表示，并占一位有效数字。例如：标示为"330"的电感为 $33×10^0=33\mu H$。

（4）电感的检测。

准确测量电感线圈的电感量 L 和品质因数 Q，可以使用万能电桥或 Q 表。采用具有电感挡的数字万用表来检测电感很方便。电感是否开路或局部短路，以及电感量的相对大小可以用万用表做出粗略检测和判断。

1）外观检查。

检测电感时先进行外观检查，看有无线圈松散、引脚折断、线圈烧毁或外壳烧焦等现象。若有上述现象，则表明电感已损坏。

2）万用表电阻法检测。

用万用表的欧姆挡测线圈的直流电阻。电感的直流电阻值一般很小，匝数多、线径细的线圈能达几十欧姆；对于有抽头的线圈，各引脚之间的阻值均很小，仅有几欧姆左右。若用万用表 R×1 挡测线圈的直流电阻，阻值无穷大说明线圈（或与引出线间）已经开路损坏；阻值比正常值小很多，则说明有局部短路；阻值为零，说明线圈完全短路。

3）万用表电压法检测。

万用表电压法检测实际上是利用万用表测量电感量的，以 MF50 型万用表为例，检测方法如下。

万用表的刻度盘上有交流电压与电感量相对应的刻度，如图 1-3-12 所示。

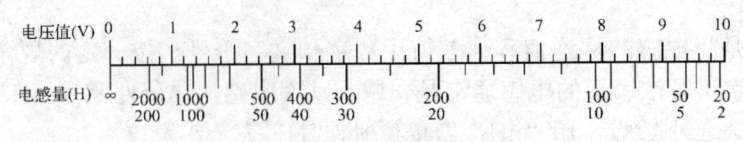

图 1-3-12 万用表电压法

① 选择量程。

把万用表转换开关置于交流 10V 挡。

② 配接交流电源。

准备一只调压型或输出 10V 的电源变压器，然后按图 1-3-13 所示的方法进行连接测量。

③ 测量与读数。

交流电源、电容器、万用表串联成闭合回路，上电后进行测量。待表针稳定后即可读数。

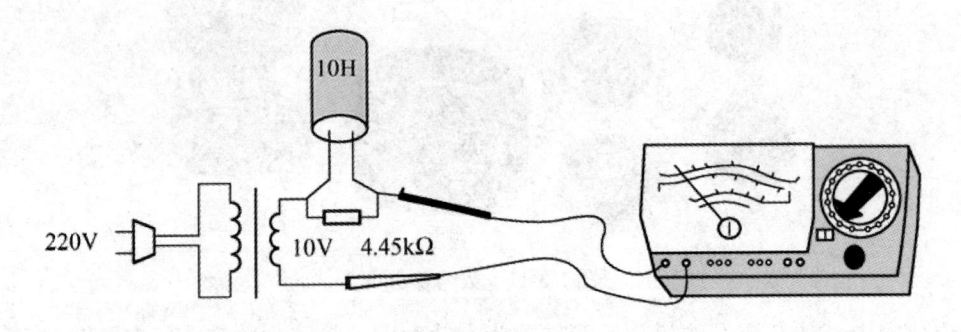

图 1-3-13 万用表电压法连接

1-3-2 二极管、三极管的识别与简单测试

1. 二极管的识别与检测

（1）二极管的主要参数。

1）正向电流 I_F：在额定功率下，允许通过二极管的电流值。

2）正向电压降 U_F：二极管通过额定正向电流时，在两极间所产生的电压降。

3）最大整流电流（平均值）I_{OM}：二极管长时间使用时，允许流过二极管的最大正向平均电流。

4）反向击穿电压 $U_{(BR)}$：二极管反向电流急剧增大到出现击穿现象时的反向电压值。

5）反向工作峰值电压 U_{RWM}：二极管正常工作时所允许的反向电压峰值，通常 U_{RWM} 为 $U_{(BR)}$ 的三分之二或略小一些。

6）反向电流 I_R：在规定的反向电压条件下流过二极管的反向电流值。

7）结电容 C：电容包括电容和扩散电容，在高频场合下使用时，要求结电容小于某一规定数值。

8）最高工作频率 F_M：二极管具有单向导电性的最高交流信号的频率。

（2）晶体二极管的识别方法及其作用。

晶体二极管在电路中常用"D"加数字表示，如：D_5 表示编号为 5 的二极管。

作用：二极管的主要特性是单向导电性，也就是在正向电压的作用下，导通电阻很小；而在反向电压作用下导通电阻极大或无穷大。

晶体二极管按作用可分为：整流二极管（如 1N4004）、隔离二极管（如 1N4148）、肖特基二极管（如 BAT85）、发光二极管、稳压二极管等。

识别方法：二极管的识别很简单，小功率二极管的 N 极（负极），在二极管外表大多采用一种色圈标出来，有些二极管也用二极管专用符号来表示 P 极（正极）或 N 极（负极），也有采用符号标志为 P、N 来确定二极管极性的。发光二极管的正负极可从引脚长短来识别，长脚为正，短脚为负。

注意：用数字式万用表去测二极管时，因红表笔接数字万用表所用电池的正极，故红表笔接二极管的正极，黑表笔接二极管的负极，此时二极管正向导通。但是指针式万用表因红表笔接电池的负极，故与数字式万用表正好相反。

（3）不同种类二极管如何选用。

1）检波二极管的选用。

检波二极管一般可选用点接触型锗二极管，例如 2AP 系列等。选用时，应根据电路的具体要求来选择工作频率高、反向电流小、正向电流足够大的检波二极管。

2）整流二极管的选用。

整流二极管一般为平面型硅二极管，用于各种电源整流电路中。选用整流二极管时，主要应考虑其最大整流电流、最大反向工作电流、截止频率及反向恢复时间等参数。普通串联稳压电源电路中使用的整流二极管，对截止频率的反向恢复时间要求不高，只要根据电路的要求选择最大整流电流和最大反向工作电压符合要求的整流二极管即可。例如，1N 系列、2CZ 系列、RLR 系列等。开关稳压电源的整流电路及脉冲整流电路中使用的整流二极管，应选用工作频率较高、反向恢复时间较短的整流二极管（例如 RU 系列、EU 系列、V 系列、1SR 系列等）或选择快恢复二极管。

3）稳压二极管的选用。

稳压二极管一般用在稳压电源中作为基准电压源或用在过电压保护电路中作为保护二极管。选用的稳压二极管，应满足应用电路中主要参数的要求。稳压二极管的稳定电压值应与应用电路的基准电压值相同，稳压二极管的最大稳定电流应高于应用电路的最大负载电流 50%左右。

4）开关二极管的选用。

开关二极管主要应用于收录机、电视机、影碟机等家用电器及电子设备的开关电路、检波电路、高频脉冲整流电路等。中速开关电路和检波电路，可以选用 2AK 系列普通开关二极管。高速开关电路可以选用 RLS 系列、1SS 系列、1N 系列、2CK 系列的高速开关二极管。要根据应用电路的主要参数（例如正向电流、最高反向电压、反向恢复时间等）来选择开关二极管的具体型号。

5）变容二极管的选用。

选用变容二极管时，应着重考虑其工作频率、最高反向工作电压、最大正向电流和零偏压结电容等参数是否符合应用电路的要求，应选用结电容变化大、高 Q 值、反向漏电流小的变容二极管。

（4）常用二极管的检测。

万用表检测普通二极管的极性与好坏。检测原理：根据二极管的单向导电性这一特点，性能良好的二极管，其正向电阻小，反向电阻大；这两个数值相差越大越好。若相差不大说明二极管的性能不好或已经损坏。

测量时，选用万用表的"欧姆"挡。一般用 R×100 或 R×1k 挡，而不用 R×1 或 R×10k 挡。因为 R×1 挡的电流太大，容易烧坏二极管，R×10k 挡的内电源电压太大，易击穿二极管。测量方法：将两表笔分别接在二极管的两个电极上，读出测量的阻值；然后将表笔对换再测量一次，记下第二次阻值。若两次阻值相差很大，说明该二极管性能良好，并根据测量电阻小的那次的表笔接法（称之为正向连接），判断出与黑表笔连接的是二极管的正极，与红表笔连接的是二极管的负极。因为万用表的内电源的正极与万用表的"-"插孔连通，内电源的负极与万用表的"+"插孔连通。

如果两次测量的阻值都很小，说明二极管已经击穿；如果两次测量的阻值都很大，说明二极管内部已经断路；两次测量的阻值相差不大，说明二极管性能欠佳。在这些情况下，二极管就不能使用了。

必须指出，由于二极管的伏安特性是非线性的，用万用表的不同电阻挡测量二极管的电阻时，会得出不同的电阻值。实际使用时，流过二极管的电流会较大，因而二极管呈现的电阻值会更小些。

（5）特殊类型二极管的检测。

稳压二极管：稳压二极管是一种工作在反向击穿区、具有稳定电压作用的二极管。其极性与性能好坏的测量与普通二极管的测量方法相似，不同之处在于：当使用万用表的 R×1k 挡测量二极管时，测得其反向电阻是很大的，此时，将万用表转换到 R×10k 挡，如果出现万用表指针向右偏转较大角度，即反向电阻值减小很多的情况，则该二极管为稳压二极管；如果反向电阻基本不变，说明该二极管是普通二极管，而不是稳压二极管。

稳压二极管的测量原理是：万用表 R×1k 挡的内电池电压较小，通常不会使普通二极管和稳压二极管击穿，所以测出的反向电阻都很大。当万用表转换到 R×10k 挡时，万用表内电池电压变得很大，使稳压二极管出现反向击穿现象，所以其反向电阻下降很多，由于普通二极管的反向击穿电压比稳压二极管高得多，因而普通二极管不击穿，其反向电阻仍然很大。

2．三极管的识别与检测

（1）三极管的基本结构。

晶体三极管又称半导体三极管，简称晶体管或三极管。在三极管内，有两种载流子：电子与空穴，它们同时参与导电，故晶体三极管又称为双极型晶体三极管，它的基本功能是电流放大。

NPN 型和 PNP 型两类三极管的结构如图 1-3-14。它有两个 PN 结（分别称为发射结和集电结），三个区（分别称为发射区、基区和集电区），从三个区域引出三个电极（分别称为发射极 E、基极 B 和集电极 C）。发射极的箭头方向代表发射结正向导通时的电流的实际流向。

为了保证三极管具有良好的电流放大作用，在制造三极管的工艺过程中，必须做到：
1）使发射区的掺杂浓度最高，以有效地发射载流子；
2）使基区掺杂浓度最小，且基区最薄，以有效地传输载流子；
3）使集电区面积最大，且掺杂浓度小于发射区，以有效地收集载流子。

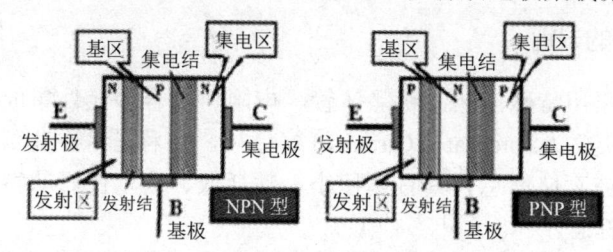

图 1-3-14　NPN 和 PNP 型三极管结构示意图

半导体三极管亦称双极型晶体管，其种类非常多。按照结构工艺分类，分为 PNP 和 NPN 型；按照制造材料分类，分为锗管和硅管；按照工作频率分类，分为低频管和高频管；一般低频管用在处理频率在 3MHz 以下的电路中，高频管的工作频率可以达到几百兆赫。按照允许耗散的功率大小分类，分为小功率管和大功率管；一般小功率管的额定功耗在 1W 以下，而大功率管的额定功耗可达几十瓦以上。

（2）半导体三极管的检测。

1）半导体三极管的管脚判别。

在安装半导体三极管之前，首先搞清楚三极管的管脚排列。一方面可以通过查手册获得，另一方面也可利用电子仪器进行测量，下面讲一下利用万用表判定三极管管脚的方法。首先判定是 PNP 型还是 NPN 型晶体管：用万用表的 R×1k（或 R×100）挡，用黑表笔接三极管的任一管脚，用红表笔分别接其他两管脚。若表针指示的两阻值均很大，那么黑表笔所接的那个管脚是 PNP 型管的基极；如果万用表指示的两阻值均很小，那么黑表笔所接的管脚是 NPN 型的基极；如果表针指示的阻值一个很大，一个很小，那么黑表笔所接的管脚不是基极。需要新换一个管脚重试，直到满足要求为止。进一步判定三极管集电极和发射极：首先假定一个管脚是集电极，另一个管脚是发射极；对 NPN 型三极管，黑表笔接假定是集电极的管脚，红表笔接假定是发射极的管脚（对于 PNP 型管，万用表的红、黑表笔对调）；然后用大拇指将基极和假定集电极连接（注意两管脚不能短接），这时记录下万用表的测量值；最后反过来，把原先假定的管脚对调，重新记录下万用表的读数，两次测量值较小的黑表笔所接的管脚是集电极（对于 PNP 型管，则红表笔所接的是集电极）。

2）半导体三极管性能测试。

在三极管安装前首先要对其性能进行测试。条件允许可以使用晶体管图示仪，亦可以使用普通万用表对晶体管进行粗略测量。

①估测穿透电流 I_{CEO}：用万用表 R×1k 挡，对于 PNP 型管，红表笔接集电极，黑表笔接发射极（对于 NPN 型管则相反），此时测得阻值在几十到几百千欧以上。若阻值很小，说明

穿透电流大，已接近击穿，稳定性差；若阻值为零，表示管子已经击穿；若阻值无穷大，表示管子内部断路；若阻值不稳定或阻值逐渐下降，表示管子噪声大、不稳定，不宜采用。

② 估测电流放大系数 β：用万用表的 R×1k（或 R×100）挡。如果测 PNP 型管，可以用潮湿的手指捏住集电极和基极代替。若是测 NPN 型管，则红、黑表笔对调。对比手指断开和捏住时的电阻值，两个读数相差越大，表示该晶体管的 β 值越高；如果相差很小或不动，则表示该管已失去放大作用。如果使用数字万用表，可直接将三极管插入测量管座中，三极管的 β 值可直接显示出来。

1-3-3 集成电路的识别

集成电路是一种采用特殊工艺，将晶体管、电阻、电容等元件集成在硅片上而形成的具有特定功能的器件，英文为 Integrated Circuit，缩写 IC，俗称芯片。集成电路能执行一些特定的功能，如放大信号或存储信息。具有体积小、功耗低、稳定性好的特点，是衡量一个电子产品是否先进的主要标志。

1. 集成电路的类型和封装

（1）类型。

集成电路按功能可分为模拟集成电路和数字集成电路。模拟集成电路主要有运算放大器、功率放大器、集成稳压电路、自动控制集成电路和信号处理集成电路等；数字集成电路按结构不同可分为双极型和单极型电路。其中，双极型电路有 DTL、TTL、ECL、HTL 等；单极型有 JFET、NMOS、PMOS、CMOS 四种。

（2）封装。

集成电路的封装形式有晶体管式封装、扁平封装和直插式封装。常见的直插式封装如图 1-3-15 所示，典型的表面贴装式封装如图 1-3-16 所示。

双列直插式封装（DIP）　　晶体管外形封装（TO）　　插针网格阵列封装（PGA）

图 1-3-15　常见的直插式封装

晶体管外形（D-PAK）　小外形晶体管（SOT）　小外形封装（SOP）　方型扁平式封装（QFP）　塑封有引线芯片载体（PLCC）

图 1-3-16　典型的表面贴装式封装

（3）管脚排列。

集成电路的管脚排列次序有一定的规律，一般是从外壳顶部向下看，从左下脚按逆时针方向读数，其中第一脚附近一般有参考标志，如凹槽、色点等。

2．常用模拟集成电路

（1）模拟集成电路的分类。

模拟集成电路按用途可分为运算放大器、直流稳压器、功率放大器、电压比较器等。

（2）集成运算放大器。

1）定义。

简称运放，运算放大器就是一种高放大倍数的交流放大器（或是一种高电压增益、高输入电阻和低输出电阻的多级耦合放大器）。工作在放大区时，输入与输出呈线性关系（所以又被称为线性集成电路）。

2）组成。

运放一般由输入级、中间级、输出级、偏置电路四部分组成。

① 输入级：差分放大电路，利用其对称性提高整个电路的共模抑制比；

② 中间级：电压放大级，提高电压增益，可由一级或多级放大电路组成；

③ 输出级：互补对称电路或射极跟随器组成，可降低输出电阻，提高带负载能力；

④ 偏置电路：为上述各级电路提供稳定和合适的偏置电流，决定各级静态工作点。

3）常用运放。

① 单运放：μA741，NE5534，TL081，LM833

② 双运放：μA747，LM358，NE5532，TL072，TL082

③ 四运放：LM324，TL084

双运放及四运放中除电源外，内部运放相互独立，如图1-3-17所示，为LM324管脚图。

运算放大器有两个输入端，一个输出端。同相输入端用"+"表示，反向输入端用"−"表示。

4）检测。

方法1：把运放接成一个放大系数为1的电路，反向输入端接1V阶跃信号，检测其输出端的电压值也为1V，说明运放是好的。

方法2：

① 用万用表电阻挡分别测出LM324的$A_1 \sim A_4$各运放引脚的电阻值，不仅可以判断运放的好坏，而且还可以检查内部各运放参数的一致性。测量时，选用R×1k挡，从A_1开始，依次测出引脚的电阻值，只要各对应引脚之间的电阻值基本相同，就说明参数的一致性较好。

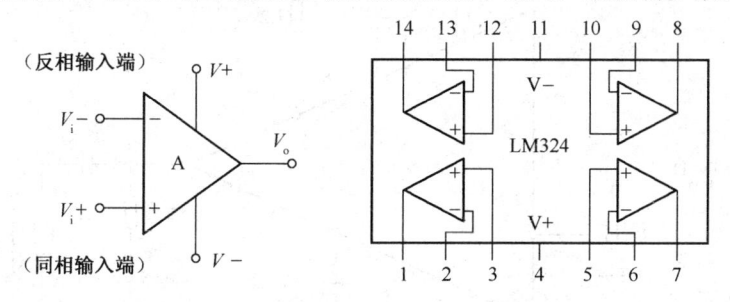

图1-3-17　运算放大器符号及LM324管脚图

② 检测放大能力：LM324接上±15V电压（4脚接+15V；11脚接−15V），万用表置于直

流 50V 电压挡。输入端开路，输出端 1 脚对 11 脚的电压为 20～25V。用螺丝刀触碰同相输入端和反相输入端，万用表指针应有较大摆动，说明被测的运放的增益很高。若指针摆动较小，说明其放大能力较差。

5) 运放常见故障。

① 无输出：有信号输入，输出端无输出。原因：未加工作电源；集成块坏。

② 不能调零：调整外接电位器，输出端无反应。原因：集成块坏；电位器焊点脱落；断电再通电正常（堵塞）。

③ 自激振荡：无输入信号，仍有输出。原因：反馈前后信号的相位差在 360° 以上，也就是能够形成正反馈；印刷板的布线或阻容元件排列不佳等。

（3）集成稳压器。

集成稳压器又称稳压电源，有多端可调式、三端可调式、三端固定式及单片开关式集成稳压。最常用的是三端集成稳压器。三端集成稳压器有：

1) 三端固定稳压器。

集成稳压器的输出电压为固定值，不能调节。常用产品为 78XX 和 79XX 系列，78XX 输出正电压，79XX 输出负电压，有 5V、6V、9V、12V、15V、18V、24V 七种不同的输出电压挡位，输出电流分 1.5A（78XX）、0.5A（78MXX）、0.1A（78LXX）三种挡位。

2) 三端可调稳压器。

可输出连续可调的直流电压。常见产品：XX117/XX217M/XX317L，输出连续可调的正电压，可调范围 1.2～37V，最大输出电流分别是 1.5A、0.5A、0.1A；XX137/XX237/XX337，输出连续可调的负电压，可调范围 1.2～37V。

（4）集成功率放大器。

LM386 典型应用电路，用于对音频信号的放大。如图 1-3-18 所示，图中 1 脚与 8 脚间的 R、C 用来调节电压放大倍数；7 端的 C 是去耦电容，防止电路自激振荡；5 端的 R（10Ω）、C（0.047）组成容性负载，用以抵消扬声器部分的感性负载；5 端的 C（250μF）为功放的输出电容。

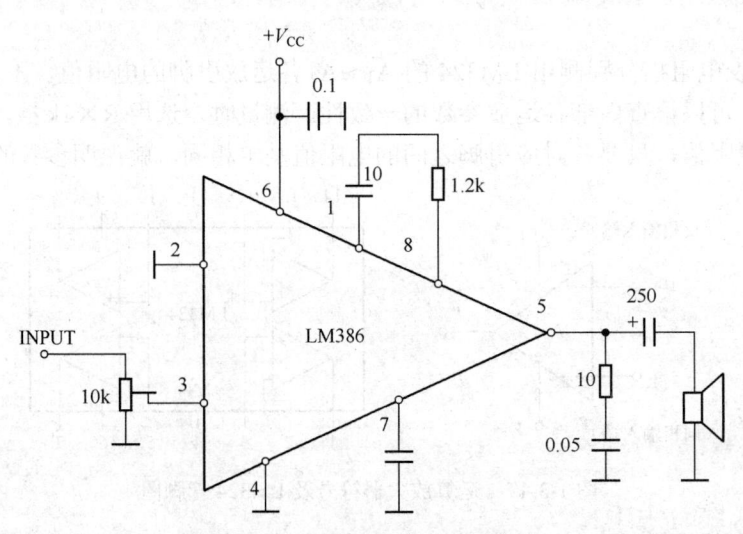

图 1-3-18 LM386 典型应用电路

3. 常用数字集成电路

（1）常用数字集成电路分类。

数字集成电路主要用来处理与存储二进制信号（数字信号），可归纳为两大类：一种为组合逻辑电路，用于处理数字信号，俗称 Logic IC；另一种为时序逻辑电路，具有时序与记忆功能，并需要由时钟信号驱动，主要用于产生或存储数字信号。

最常用的数字集成电路主要有 TTL 和 CMOS 两大系列。

TTL 集成电路是用双极型晶体管为基本元件集成在一块硅片上制成的，主要有 54（军用）/74（民用）系列：54/74XX（标准型），54/74LSXX（低功耗肖特基），54/74SXX（肖特基），54/74ALSXX（先进低功耗肖特基），54/74ASXX（先进肖特基），54/74FXX（高速）。

CMOS 集成电路采用场效应管，且都是互补结构，主要有 4000 系列、54/74HCXXX 系列、54/74HCTXXX 系列、54/74HCUXX 系列等。

数字集成电路的类型很多，最常用的是门电路，常用的有与门、非门、与非门、或门、或非门、异或非门、异或门及同或门等。

（2）数字集成电路的电路参数（见表 1-3-3）。

表 1-3-3　数字集成电路的电路参数

符号	名称	74 系列	74LS 系列	4000 系列	74HC 系列
U_{OH}	高电平输出电压	≥2.4	≥2.7	≥4.95	≥4.95
U_{OL}	低电平输出电压	≤0.4	≤0.4	≤0.05	≤0.05
U_{IH}	高电平输入电压	≥2	≥2	≥3.5	≥3.5
U_{IL}	低电平输入电压	≤0.8	≤0.8	≤1.5	≤1

4. 集成电路的检测

（1）集成电路的基本检测方法：在线检测与脱机检测。

1）在线检测：测量集成电路各脚的直流电压，与标准值比较，判断集成电路的好坏。

2）脱机检测：测量集成电路各脚间的直流电阻，与标准值比较，判断集成电路的好坏。测得的数据与集成电路资料上数据相符，则可判定集成电路是好的。

（2）在线检测的技巧。

在线检测集成电路各引脚的直流电压，为防止表笔在集成电路各引脚间滑动造成短路，可将万用表的黑表笔与直流电压的"地"端固定连接，方法是在"地"端焊接一段带有绝缘层的铜导线，将铜导线的裸露部分缠绕在黑表笔上，放在电路板的外边，防止与板上的其他地方连接。这样用一只手握住红表笔，找准欲测量集成电路的引脚，另一只手可扶住电路板，保证测量时表笔不会滑动。

（3）集成电路的替换检测。

当集成电路整机线路出现故障时，检测者往往用替换法来进行集成电路的检测。用同型号的集成块进行替换试验，是见效最快的一种检测方法。

但是要注意，若因负载短路的原因，使大电流流过集成电路造成的损坏，在没有排除故障短路的情况下，用相同型号的集成块进行替换实验，其结果是造成集成块的又一次损坏。因此，替换实验的前提是必须保证负载不短路。

1-4　Multisim 13 简介

　　EDA（Electronic Design Automation，电子设计自动化）技术是电子信息科学技术发展的杰出成果。EDA 技术一般包括 3 个方面的内容：通过计算机的设计仿真软件进行原理设计及验证；借助 PCB（Printed Circuit Board）软件进行电路板的设计；借助可编程逻辑器件（PLD）的设计软件进行可编程器件的设计。Multisim 13 就是一种优秀的电路设计仿真软件。

　　Multisim 是美国国家仪器（NI）有限公司推出的以 Windows 为基础的仿真工具，适用于板级的模拟/数字电路板的设计工作。它包含了电路原理图的图形输入、电路硬件描述语言输入方式，具有丰富的仿真分析能力。可以使用 Multisim 交互式地搭建电路原理图，并对电路进行仿真。Multisim 提炼了 SPICE 仿真的复杂内容，这样无需懂得深入的 SPICE 技术就可以很快地进行捕获、仿真和分析新的设计，这也使其更适合电子学教育。通过 Multisim 和虚拟仪器技术，PCB 设计工程师和电子学教育工作者可以完成从理论到原理图捕获与仿真再到原型设计和测试这样一个完整的综合设计流程。

　　目前各高校教学中普遍使用的版本是 Multisim13.0（本书使用 Multisim 13），它的主要特色是所见即所得的设计环境；互动式的仿真界面；动态显示元件（如：LED，七段显示器等）；具有 3D 效果的仿真电路；虚拟仪表（包括 Agilent 仿真仪表）；分析功能与图形显示窗口。

　　下面简单介绍 Multisim 的基本操作。启动 Multisim 13，打开如图 1-4-1 所示的 Multisim 13 的基本界面（默认状态下，电路窗口的背景是黑色的。可通过设置来改变背景颜色）。

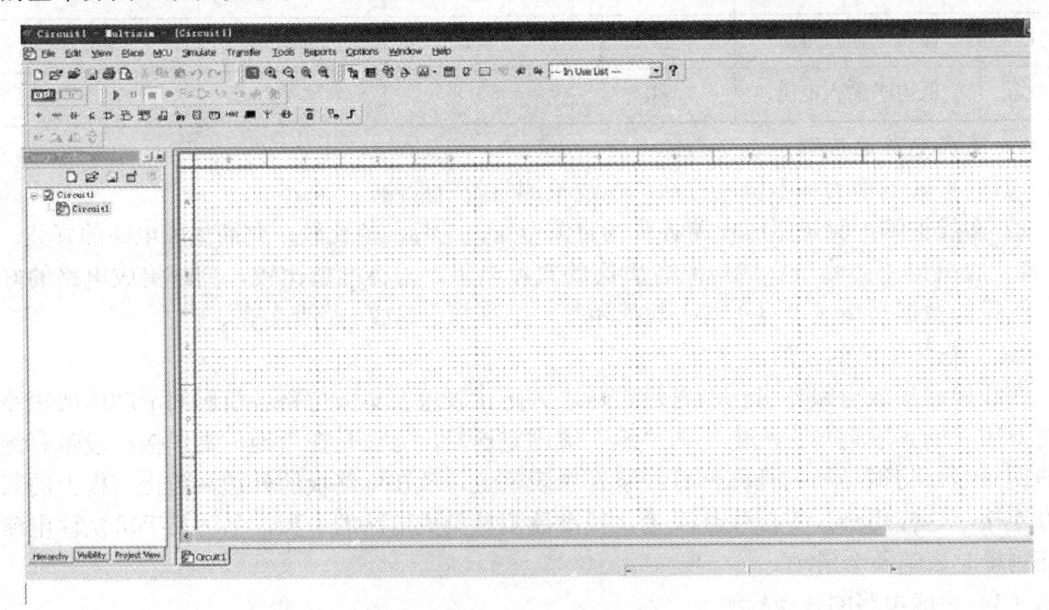

图 1-4-1　Multisim 13 的基本界面

　　从图 1-4-1 中可以看出，Multisim 基本界面主要由菜单栏（Menus）、系统工具栏（System Toolbar）、设计工具栏（Multisim Design Bar）、使用中的元件列表（In Use List）、仿真开关（Simulate Switch）、元件工具栏（Component Toolbar）、连接 EDAparts.com 按钮、仪表工具栏（Instrument Toolbar）、电路窗口（Circuit Windows）和状态栏（Status Line）等部分组成。

与所有 Windows 应用程序类似，菜单栏中提供了 Multisim 13 的几乎所有的操作功能命令。Multisim 13 菜单栏包含着 9 个主菜单，如图 1-4-2 所示，从左至右分别为 File（文件）菜单、Edit（编辑）菜单、View（窗口显示）菜单、Place（放置）菜单、Simulate（仿真）菜单、Transfer（文件输入）菜单、Tool（工具）菜单、Option（选项）菜单和 Help（帮助）菜单等。在每个主菜单下都有一个下拉菜单，用户可以从中找到各项操作功能的命令。

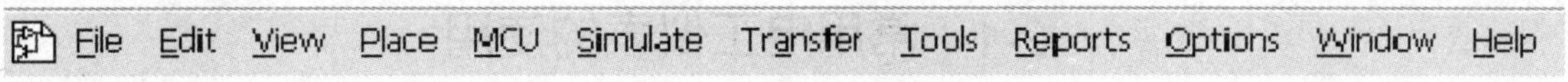

图 1-4-2　菜单栏

系统工具栏如图 1-4-3 所示，它包含了常用的基本功能按钮，与 Windows 的基本功能相同。

图 1-4-3　系统工具栏

Multisim 13 将所有的元件模型分门别类地放到 18 个元件分类库中，每个元件库放置同一类型的元件。有着 18 个元件库按钮（以元件符号区分）组成的元件工具栏，如图 1-4-4 所示。

图 1-4-4　元件工具栏

仪表工具栏包含有 21 种用来对电路工作状态进行测试的仪器仪表，如图 1-4-5 所示。

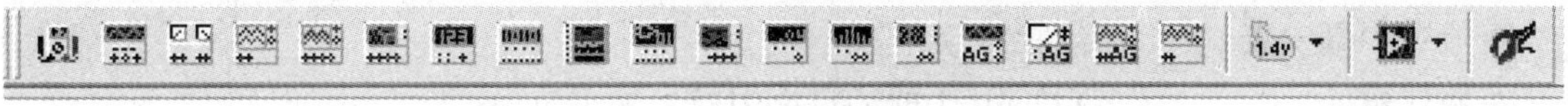

图 1-4-5　仪表工具栏

电路窗口也称为 Workspace，相当于一个现实工作中的操作平台，电路图的编辑绘制、仿真分析及波形数据显示等都在此窗口进行。

界面其他按钮开关介绍：

（1）仿真开关。

仿真开关用于开始、暂停或结束电路仿真。

（2）使用中的元件列表。

使用中的元件列表中列出了当前电路所使用的全部原件，以供检查或重复调用。

（3）状态栏。

状态栏显示有关当前操作以及鼠标所指条目的有用信息。

电路的计算机设计仿真与测试要以电路原理图为基础。在熟悉基本界面操作情况下，用户定制界面，取用所需元件，进行连线和连接点、总线、子电路、文字与文字描述框等绘制电路原理图的基本操作，最后进行仿真运行。

第二部分　电工技术实验

2-1　常用电工仪表的使用

2-1-1　实验目的

1．学习学生实验守则和基本的安全用电常识。
2．熟悉实验室供电情况和实验电源、实验设备情况。
3．学习电阻、电压、电流的测量方法，初步掌握数字万用表、交直流电压表、电流表及直流稳压电源的使用方法。
4．验证基尔霍夫电流定律（KCL）、基尔霍夫电压定律（KVL），巩固有关的理论知识。

2-1-2　实验仪器设备

数字万用表
可调直流稳压电源　　　0～30V
直流数字电压表　　　　实验台固定部分
直流数字毫安表　　　　实验台固定部分
实验挂箱　　　　　　　ZYDG01-1 或 ZYDG01-3

2-1-3　实验原理

1．数字万用表

数字式万用表结构精密、性能稳定、可靠性高、使用方便，其基本结构由测量线路及相关元器件、液晶显示器、插孔和转换开关组成。数字万用表面板结构如图2-1-1所示。液晶显示器最大显示值为1999，且具有自动显示极性功能。若被测电压或电流的极性为负，则显示值前将带"-"号。若输入超量程时，显示屏左端出现"1"或"-1"的提示字样。

电源开关（POWER）可根据需要，分别置于"ON"（开）或"OFF"（关）状态。测量完毕，应将其置于"OFF"位置，以免空耗电池。

（1）使用前的检查与注意事项。

1）将电源开关置于ON状态，液晶显示器应有符号显示。若此时显示电池形符号，应更换表内的电池。

2）表笔插孔旁的⚠符号，表示测量时输入电流、电压不得超过量程规定值，否则将损坏内部测量线路。

3）测量前转换开关应置于所需量程。

4）若显示器只显示"1"，表示量程选择偏小，转换开关应置于更高量程。

5）在高电压线路上测量电流、电压时，应注意人身安全。

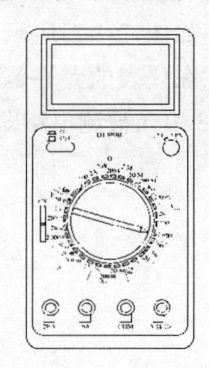

图 2-1-1　数字万用表

（2）直流电压的测量。
1）将黑表笔插入 COM 插孔，红表笔插入 V/Ω 插孔。
2）将功能开关（转换开关）置于直流电压范围的合适量程。
3）表笔与被测电路并联，红表笔接被测电路高电位端，黑表笔接被测电路低电位端。
注意：该仪表不得用于测量高于 1000V 的直流电压。

（3）交流电压的测量。
1）表笔插法同"直流电压测量"。
2）将转换开关置于交流电压范围合适量程。
3）测量时表笔与被测电路并联且红、黑表笔不分极性。
注意：该仪表不得用于测量高于 750V 的交流电压。

（4）直流电流的测量。
1）将黑表笔插入 COM 插孔，测量最大值不超过 200mA 电流时，红表笔插"mA"插孔；测 200mA~20A 范围电流时，红表笔应插"20A"插孔。
2）将转换开关置于直流电流范围的合适量程。
3）将该仪表串入被测线路且红表笔接高电位端，黑表笔接低电位端。
注意：如果量程选择不对，过量程电流会烧坏熔断器。最大测试电压降为 200mV。

（5）交流电流的测量。
1）表笔插法同"直流电流测量"。
2）将转换开关置于交流电流范围合适量程。
3）测量时表笔与被测电路串联且红、黑表笔不分极性。

（6）电阻的测量。
1）将黑表笔插入 COM 插孔，红表笔插入 V/Ω 插孔。
2）将功能开关（转换开关）置于电阻范围的合适量程。
3）表笔与被测电路并联。
注意：
1）表中读数为阻值，无需乘倍率。
2）测大于 1MΩ 电阻时，要几秒钟的稳定时间。
3）严禁被测电阻带电。

2．电流表

用直流电流表测量直流电流的线路如图 2-1-2 所示，电流表的正端接被测电路的高电位端，负端接被测电路的低电位端。注意在仪表的允许范围内测量；用交流电流表测量交流电流时，电流表不分极性，只要按图 2-1-3 串入被测电路即可。

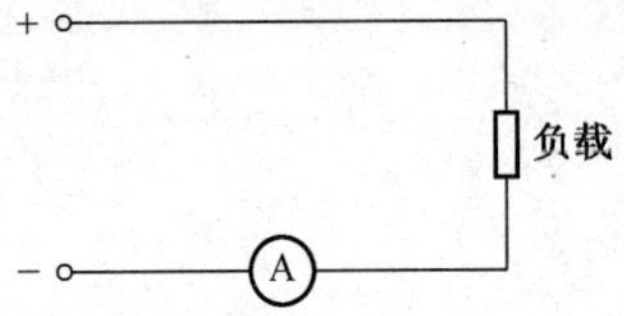

图 2-1-2　直流电流表测量直流电流的线路图 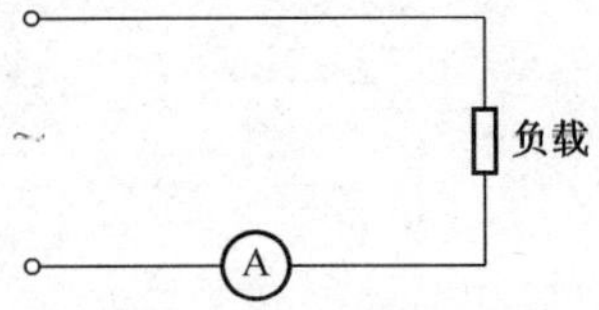　　　　图 2-1-3　交流电流表测量交流电流的线路图

3．电压表

用直流电压表测量电路两端直流电压的线路如图 2-1-4 所示，电压表正端接被测电路的高电位点，负端接被测电路的低电位点；用交流电压表测量交流电压时，电压表不分极性，只要按图 2-1-5 并入被测电路即可。

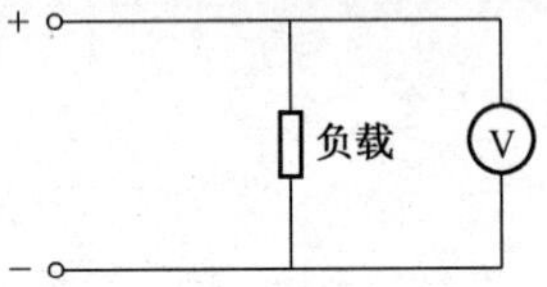

图 2-1-4　直流电压表测量电路两端直流电压的线路图 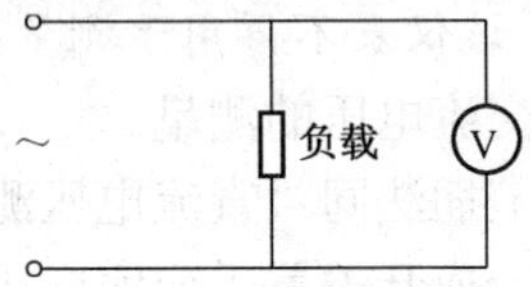　　　　图 2-1-5　交流电压表测量交流电压的线路图

4．直流稳压电源

实验台提供的是双路可调直流稳压电源（0～30V 可调），可独立使用，也可双路同时使用。接通电源开关，调节电压旋钮使电源输出电路所需的电压值，可用数字万用表直流电压挡测量并校准输出电压的值。

2-1-4　实验内容及步骤

1．认识和熟悉电工实验台设备及本次实验的相关设备。

2．测量电阻。

用数字万用表的欧姆挡测电阻，万用表的红表笔插在电表下方的"VΩ"插孔中，黑表笔插在电表下方的"COM"插孔中。选择实验台上的待测电阻，欧姆挡的量程应根据待测电阻的数值合理选取。将测量数据 R_1、R_2、R_3 的值填入表 2-1-1 中。

表 2-1-1　电阻值记录表

电阻	R_1（Ω）	R_2（Ω）	R_3（Ω）
标称值			
测量值			

3．测量交流电压。

用数字万用表交流电压挡测量实验台三相交流电源的电压：线电压 U_{UV}、U_{VW}、U_{WU} 和相电压 U_{UN}、U_{VN}、U_{WN}，将所测数据填入表 2-1-2 中。

表 2-1-2　电压值记录表

相电压（V）			线电压（V）		
U_{UV}	U_{WU}	U_{VW}	U_{UN}	U_{VN}	U_{WN}

4．测量直流电压。

调节直流稳压电源，使其输出电压为+12V，用万用表直流电压挡测好后，关断电源待用。

5．按图 2-1-6 所示电路接线，检查无误后接通电源。

在测量过程中根据实际情况选择合适量程（在测量值不确定的情况下量程打到最大位置）。用数字万用表直流电压挡测量 U_S、U_{AB}、U_{BC} 的值，读出直流电流表的测量值，填入表 2-1-3 中。

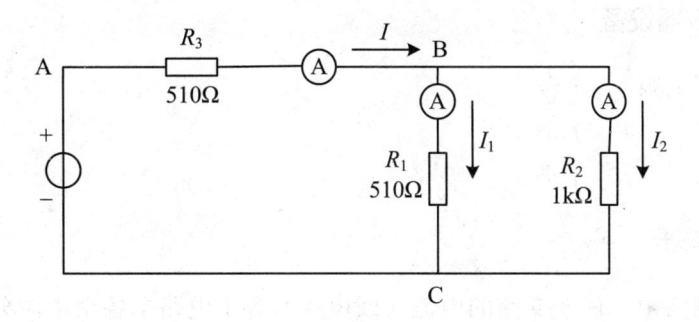

图 2-1-6　实验接线图

表 2-1-3　实验数据记录表

电流（mA）			电压（V）		
I	I_1	I_2	U_S	U_{AB}	U_{BC}

6．根据测量数据验证 KCL 和 KVL。

7．实验结束后，应注意将万用表上电源按键按起，使电表与内部电池断开。

2-1-5　实验注意事项

1．数字万用表在切换挡位时测试笔应离开测试线路。

2．万用表测量电阻时，严禁带电测量，也不宜带线测量。

3．测量电压、电流时，若不知被测量的范围，应先选择最大的量程为妥。

4．电流表严禁并连接入电路，否则会损坏仪表。

5. 直流稳压电源输出端不允许短路。

6. 数字万用表不用时应将旋钮旋至"OFF"挡。

2-1-6 实验思考题

1. 如何用万用表测电阻？电阻在线测量会产生什么问题？电阻带电测量时又会发生什么问题？

2. 电压、电流的测量过程中应注意什么事项？

2-2 叠加定理

2-2-1 实验目的

1. 验证叠加定理。
2. 正确使用直流稳压电源和万用表。

2-2-2 实验仪器设备

双路直流稳压电源　　　1 台

数字万用表　　　　　　1 个

直流电流表　　　　　　1 个

2-2-3 实验原理

在任一线性网络中，任一支路的电流（或电压）等于电路中各个电源分别单独作用时在该支路中产生的电流（或电压）的代数和。所谓某一电源单独作用，就是除了作用电源外，其余电源为零值，对于实际电源的内阻或内电导，必须保留在原电路中。

2-2-4 实验内容及步骤

图 2-2-1 所示的是测试原理电路图，分别测量 U_{S1}、U_{S2} 共同作用及单独作用时的 U_{AC}、U_{BC}、U_{CD} 的值，验证叠加定理。

测试步骤如下：

1. 用万用表欧姆挡测量各电阻阻值，将测量数据填入表 2-2-1 中。

表 2-2-1　实验数据表

	标称值	实测值
R_1		
R_2		
R_3		

2．接通稳压电源开关，调节电压旋钮，使 U_{S1}=5V，U_{S2}=12V，然后关闭电源待用。

3．U_{S1}，U_{S2} 共同作用。

按图 2-2-1 所示电路接线，无误后接通电源。用万用表和直流电压表分别测量 U_{AC}、U_{BC}、U_{CD}、I_1、I_2、I_3，将数据填入表 2-2-2 中。

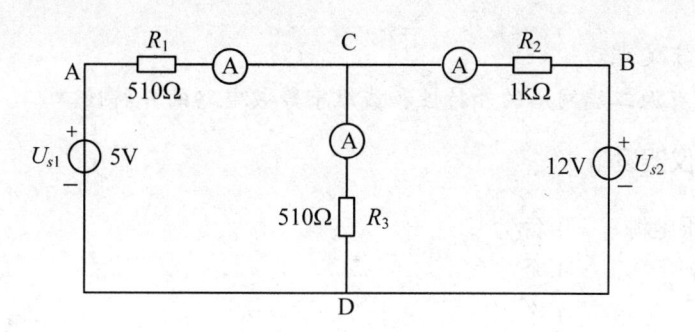

图 2-2-1 测试原理电路

表 2-2-2 实验数据表

电路的状态	实 验 值						计 算 值					
	电压（V）			电流（mA）			电压（V）			电流（mA）		
	U_{AC}	U_{BC}	U_{CD}	I_1	I_2	I_3	U_{AC}	U_{BC}	U_{CD}	I_1	I_2	I_3
U_{S1}，U_{S2} 共同作用												
U_{S1} 单独作用												
U_{S2} 单独作用												

4．U_{S1} 单独作用。

去掉 U_{S2}（但要保证电路接通，即去掉 U_{S2} 后用导线替代它），U_{S1} 单独作用于电路，接通电源，测量 U_{AC}、U_{BC}、U_{CD}、I_1、I_2、I_3，将数据填入表 2-2-2 中。

5．U_{S2} 单独作用。

去掉 U_{S1}（但要保证电路接通），U_{S2} 单独作用于电路，接通电源，测量 U_{AC}、U_{BC}、U_{CD}、I_1、I_2、I_3，将数据填入表 2-2-2 中。

2-2-5 实验注意事项

1．在接线前，要合理选择仪表量程。

2．记录数据时，注意电路各支路中的电压、电流的实际方向与参考方向的关系。

2-2-6 实验报告要求

1．用测试数据验证支路电流是否符合叠加定理，并对测试误差进行分析。

2．用实测电流值、电阻值，计算电阻 R_3 所消耗的功率为多少？能否直接用叠加定理计算？试用具体数据说明。

2-3 戴维宁定理

2-3-1 实验目的

1. 验证戴维宁定理。
2. 测定线性有源二端网络的外特性和戴维宁等效电路的外特性。

2-3-2 实验仪器设备

双路直流稳压电源　　1台
数字万用表　　　　　1个
直流毫安表　　　　　1个

2-3-3 实验原理

1. 任一有源线性二端网络，如图 2-3-1（a），可用如图 2-3-1（b）所示的电路来等效替代，其等效电动势 E 等于含源端口网络输出端的开路电压，内阻 R_0 等于输出端开路电压与短路电流之比。

2. 戴维宁等效电阻 R_0 试方法。

（1）测量有源二端网络开路电压 U_0 网络允许的情况下，测出它的短路电流 I_s，则电阻（$R_0=U_0/I_s$）即为等效电阻。如果网络不允许短路，则可分别测出网络的开路电压 U_0 和支路电压 U_L，如图 2-3-2 所示。若 U_L 已知，则可求得

$$R_0 = \frac{U_0 - U_L}{U_L} R_L \tag{2-1}$$

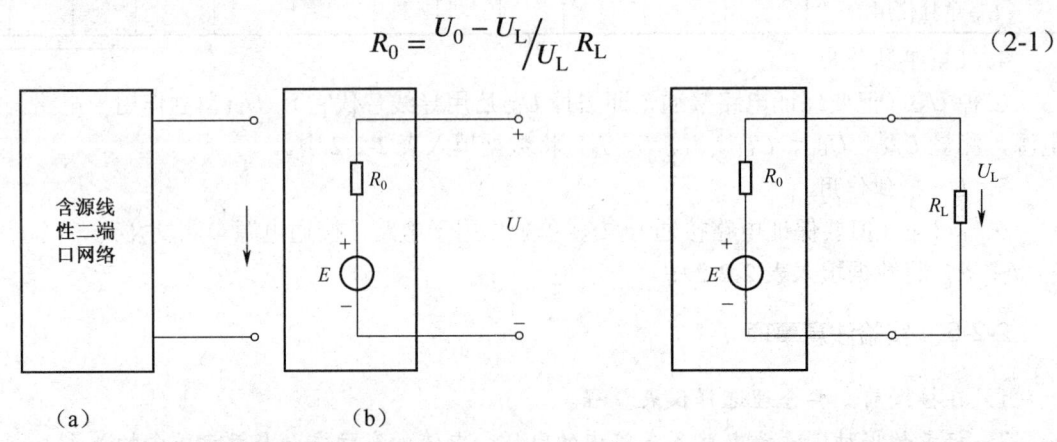

图 2-3-1　有源线性二端网络及等效电路　　　　图 2-3-2　测量有源二端网络支路电压 U_L

（2）将有源二端网络内所有的电压源和电流源置为零，然后在无源端口处，外加一个电压源 E_S，测量端口处的电流 I 即可得等效电阻 R_0，即

$$R_0 = \frac{E_S}{I} \tag{2-2}$$

等效电动势 E 与等效内阻 R_0 相串联即可构成戴维宁等效电路。所谓等效是指它们的特性

关系 $U=f(I)$ 完全相同。

2-3-4 实验内容及步骤

图 2-3-3 所示的为测试原理电路图。

1. 调节双路直流稳压电源，使其中一路输出为 12V，关机待用。
2. 测量网络的开路电压 U_0。按图 2-3-3 所示的接好电路，用数字万用表测量开路电压 U_0，将结果记入表 2-3-1 中。
3. 测定网络的等效电阻 R_0。

（1）在网络 B、D 端接入 $R_L=150\Omega$，测量出 R_L 上的支路电压 U_L，即可按式（2-1）计算出网络的等效电阻 R_0。

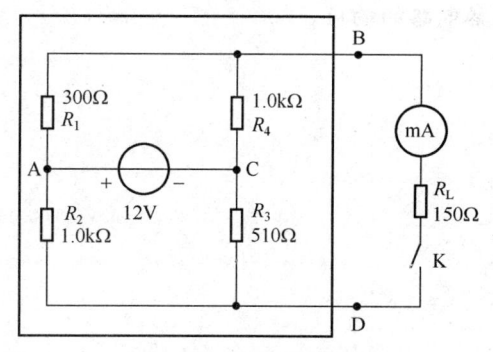

图 2-3-3 测试原理电路

（2）计算网络的短路电流，在不超过直流稳压电源最大输出电流及电流表量程的条件下，可直接将电流表串连接入电路 B、D 端，测得短路电流，记入表 2-3-1 中，并按 2-3-3 节式（2-2）计算出 R_0。

表 2-3-1 实验数据表

被测量	U_0/V	U_L/V	R_0/Ω	I_S/mA	R_0/Ω
计算值					
测量值					

4. 测定网络的外部特性。

在网络的 B、D 端接入负载电阻 R_L 和电流表，如图 2-3-3 所示，改变 R_L 值，在不同负载的情况下，测出相应的负载端电压 U_L 过负载的电流 I_L 测量数据记入表 2-3-2 中。

表 2-3-2 实验数据表

R_L/Ω	0	200	400	600	800	∞
U_L/V						
I_L/mA						
$U_{R'}$/V						
$I_{R'}$/mA						

2-3-5　实验报告要求

1. 将预习中 E、R_0 的计算值与 U_0、R_0 的实测值比较，看是否相同。
2. 同一坐标平面画出网络和等效电路的伏安曲线，并作分析比较。

2-4　一阶 RC 电路研究

2-4-1　实验目的

1. 测定一阶 RC 电路的时间常数，了解电路参数对它的影响。
2. 学习使用示波器观察电路的响应。

2-4-2　实验仪器

双踪示波器	1 台
信号发生器	1 台
电阻箱	1 个
电容箱	1 个
电感箱	1 个

2-4-3　实验原理

图 2-4-1 所示电路的零状态响应为

$$u_c(t) = u_s(1 - e^{-\frac{t}{\tau}}) \qquad t \geqslant 0 \qquad (2\text{-}3)$$

$$i(t) = \frac{u_s}{R} e^{-\frac{t}{\tau}} \qquad t \geqslant 0 \qquad (2\text{-}4)$$

式中，$\tau = RC$ 是电路的时间常数。

图 2-4-2 所示电路的零输入响应为

$$u_c(t) = u_s e^{-\frac{t}{\tau}} \qquad t \geqslant 0 \qquad (2\text{-}5)$$

$$i(t) = -\frac{u_s}{R} e^{-\frac{t}{\tau}} \qquad t \geqslant 0 \qquad (2\text{-}6)$$

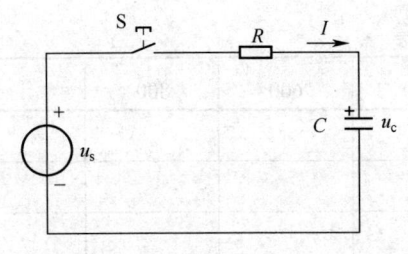

图 2-4-1　RC 串联电路　　　　　　　　图 2-4-2　RC 并联电路

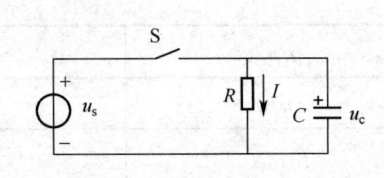

在电路元件参数、初始条件和激励源都已知的情况下，上述响应的函数式可以直接写出。如果用实验方法测定电路的响应，则可以用电子示波器、光线示波器等记录仪器记录响应曲线。对于时间常数足够大（如10s以上）的电路，可以逐点测出电路在换路后，各给定时刻的电流或电压值，然后画$i(t)$或$u_C(t)$的响应曲线，再根据所得响应曲线，求出电路的时间常数τ，就可以写出响应$i(t)$或$u_C(t)$的函数式。

本实验采用如图 2-4-3 所示电路，激励源为低频信号发生器输出的方波信号，如图 2-4-4 所示。

对于 RC 电路的方波响应，在电路的时间常数远小于方波激励信号的周期 T 时，可认为是零状态响应和零输入响应的多次过程。方波高电平时电路响应为零状态响应，方波低电平时相当于在电容具有初始值$u_C(0_-)$时把电源用短路置换，此时电路响应为零输入响应。

为了清楚地用示波器观察响应的全过程，可使方波的半周期和时间常数 RC 保持 5:1 左右的关系，这样就可用示波器显示出稳定的方波响应的图形（见图 2-4-5），以便进行定量分析。

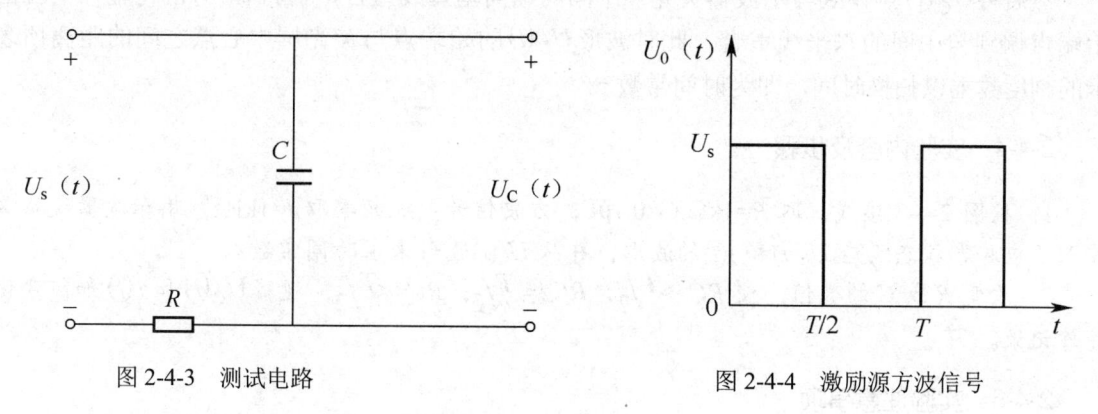

图 2-4-3 测试电路

图 2-4-4 激励源方波信号

根据测试所得响应曲线，确定时间常数τ的方法如下：

一阶 RC 电路充放电的时间常数可以用示波器确定，对于充电曲线，幅值上升到终值的 63.2%所对应的时间就是一个τ（见图 2-4-6（a））。对于放电曲线，幅值下降到初值的36.8%所对应的时间即为一个τ（见图 2-4-6（b））。

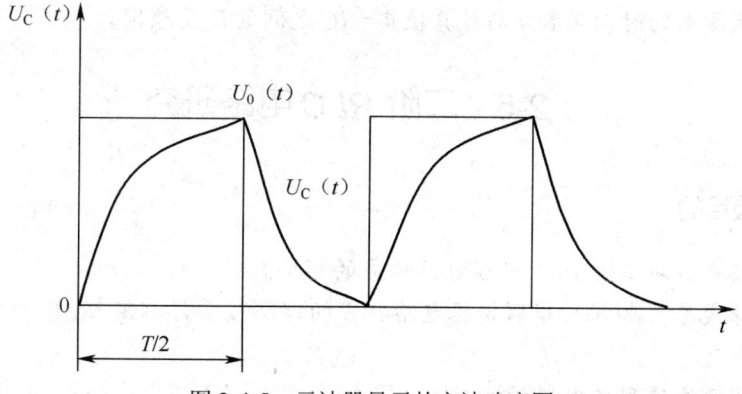

图 2-4-5 示波器显示的方波响应图

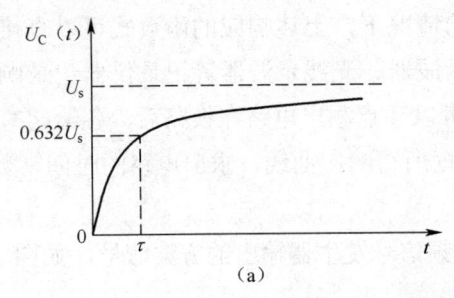

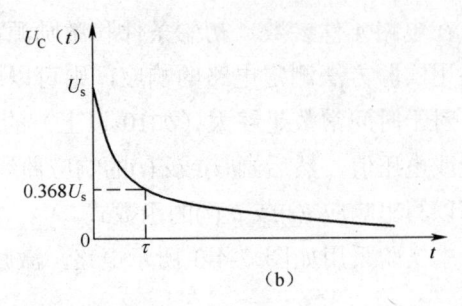

图 2-4-6 一阶 RC 电路充放电响应波形

适当选取方波信号的周期和 R、C 的数值，以观察方波信号 $U_S(t)$ 为例，将方波信号电压调幅，使 $U_C(t)$ 的零输入响应波形的始端与示波器荧光屏纵坐标的上端正刻度线重合，使 $U_C(t)$ 的零输入响应的波形的末端与示波器荧光屏纵坐标的下底端负刻度线重合，此时有 $U_C(t)|_{t=\tau=n\times 0.368}=U_C(\tau)$，其中 n 为示波器荧光屏纵向刻度总格数。

然后将 $U_C(\tau)$ 点调到与示波器荧光屏中间的纵向垂直线重合，再将 $U_C(t)$ 的零输入响应的始端点调到与中间的水平线重合，此时波形 $U_C(t)$ 的始端点与荧光屏中心点之间的距离所表示的刻度数乘以扫描时间，即为时间常数 τ。

2-4-4 实验内容及步骤

1. 按图 2-4-3 接线，取 $R=1k\Omega, C=0.1\mu F$，方波信号电压频率取 $f=1kHz$，用示波器观察零输入响应和零状态响应 $U_C(t)$ 和 $i(t)$ 的波形，并从 $U_C(t)$ 波形求来时间常数 τ。

2. 改变 R 或 C 的数值，使 $RC \gg T/2$，$RC = T/2$，$RC \ll T/2$，观察 $U_C(t)$ 和 $i(t)$ 如何变化，并作记录。

2-4-5 实验注意事项

双踪示波器和低频信号发生器的公共地线必须连在一起。

2-4-6 实验报告要求

1. 根据测试所求的时间常数 τ，写出 $U_C(t)$、$i(t)$ 一阶零输入响应和零状态响应的函数表达式。
2. 分析测试所求的时间常数 τ 与计算值 $\tau=RC$ 之间的误差原因。

2-5 二阶 RLC 电路研究

2-5-1 实验目的

1. 了解电路参数对二阶 RLC 串联电路响应的影响。
2. 观察谐振现象，加深对串联谐振电路特点的理解；学习测定 RLC 串联谐振电路频率特性的方法。
3. 学习使用示波器观察电路的响应。

2-5-2 实验仪器设备

双踪示波器	1 台
信号发生器	1 台
电阻箱	1 个
电容箱	1 个
电感箱	1 个

2-5-3 实验原理

1. 电路参数对二阶 RLC 串联电路响应的影响

RLC 串联电路中，无论是零输入响应，还是零状态响应，电路过渡过程的性质，完全由特征方程所确定。

$LCp^2 + RCp + 1 = 0$ 的特征根 $p_{1,2} = -R/2L \pm \sqrt{(R/2L)^2 - (1/\sqrt{LC})^2} = -\delta \pm \sqrt{\delta^2 - \omega_0^2}$

其中，$\delta = R/2L$, $\omega = 1/\sqrt{LC}$。

（1）如果 $R > 2\sqrt{L/C}$，则 p_{12} 为两个不相等的负实根，电路过渡过程的性质为过阻尼的非振荡过程。

（2）如果 $R = 2\sqrt{L/C}$，则 p_{12} 为一对相等实根，电路过渡过程的性质为临界阻尼过程。

（3）如果 $R < 2\sqrt{L/C}$，则为一对共轭复根，电路过渡过程的性质为欠阻尼的振荡过程。

改变电路的参数 R、L 或 C 任一个值，均可使电路发生上述 3 种不同性质的过程。

电路振荡的性质取决于电路的衰减系数 $\delta = R/2L$，在一般情况下，δ 是一个正实数，这种振荡为衰减振荡；如果电路中的电阻为零，这种振荡为等幅振荡，如图 2-5-1（a）所示。如果电路中的总电阻为负值，则这种振荡就变成了增幅振荡，如图 2-5-1（b）所示。

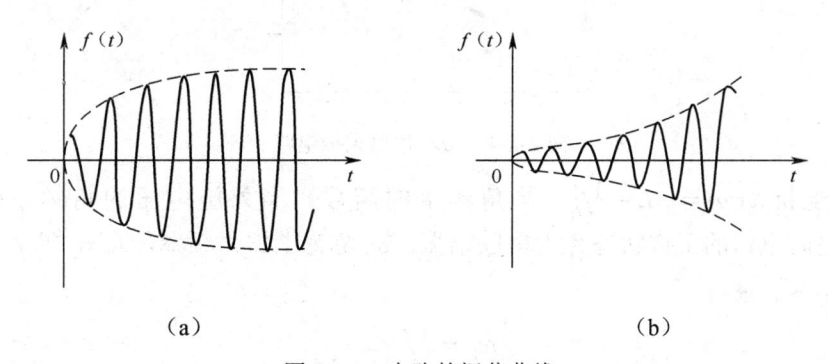

（a）　　　　　　　　　　　（b）

图 2-5-1　电路的振荡曲线

利用负阻抗变换器，可以获得等效的负电阻。图 2-5-2 所示的是一个用运算放大器组成的负阻抗变换器，在 ab 两端的等效电阻为 $-R_1$，改变图中的 R_1 的大小，就可得到不同的负电阻值。如果把图 2-5-2 所示的电阻串联到 RLC 的串联电路中去，如图 2-5-3 所示，则串联电路

的总电阻为 $R-R_1$。改变 R_1，当 $R-R_1=0$ 时，就可得到电路的等幅振荡过程；当 $R-R_1<0$ 时，就可得到电路的增幅振荡过程；当 $R-R_1>0$ 时，就是得到电路的衰减过程。

过渡过程一般就是短暂的一次过程。如果用普通的电子示波器来观察过渡过程，就必须使过渡过程周期性地重复出现。为此，可采用周期性的方波电压作为激励电源。只要方波电压的半个周期 $T/2$ 远大于电路过渡过程持续时间，那么，在方波电压为高电平时，就相当于电路的零状态响应；在方波电压为零时，就相当于电路的零输入响应。

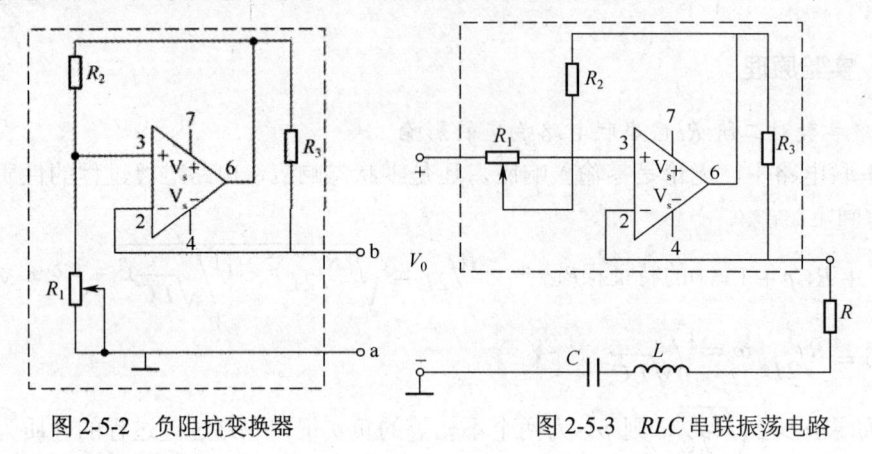

图 2-5-2　负阻抗变换器

图 2-5-3　RLC 串联振荡电路

2. RLC 串联电路的谐振

在图 2-5-4 所示的 RLC 串联电路上，施加一正弦电压，电路中电流的有效值

$$I(\Omega) = \frac{U}{\sqrt{R^2 + \left(\omega L - \frac{1}{\omega C}\right)^2}}$$

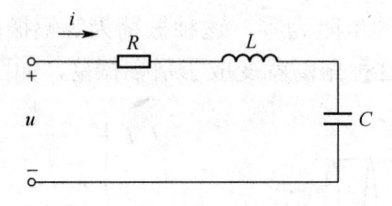

图 2-5-4　RLC 串联谐振电路

式中，电抗 $X(\omega) = \omega L - 1/\omega C$ 是角频率的函数。当外施电压的角频率 $\omega = \omega_0$ 时，$X(\omega) = 0$。这时电路的工作状态称为串联谐振。ω_0 称为谐振角频率，$f_0 = \omega_0/2\pi$ 称为谐振频率，可分别由下式求得

$$\omega_0 = 1/\sqrt{LC}$$

$$f_0 = 1/2\pi\sqrt{LC}$$

可见要使电路满足谐振条件，可以通过改变 L、C 或 f 来实现。图 2-5-4 所示的是采用改变外施正弦电压的频率来使电路达到谐振的电路。谐振时，电路的阻抗 $Z(\omega_0) = R + jX(\omega_0)$

=R为最小值。若外施电压有效值 U 及电路中的电阻 R 为定值,则谐振时电路中电流的有效值达到最大,即 $I_0 = I(\omega_0) = U/R$ 根据这个特点可以判断电路是否发生了谐振。

如果保持外施电压的有效值 U 及电路参数 R、L、C 不变,改变信号源的频率 f,则可得到电流的幅频特性,如图 2-5-5 所示。$I(\Omega)$曲线也称为电流的谐振曲线。从曲线可以看出,串联电路中的电阻 R 越小,曲线的尖锐程度就越大。以 $\eta = \dfrac{\omega}{\omega_0}$ 为横坐标,$\dfrac{I}{I_0}$ 为纵坐标,画出的曲线称为串联谐振电路的通用曲线,如图 2-5-6 所示。

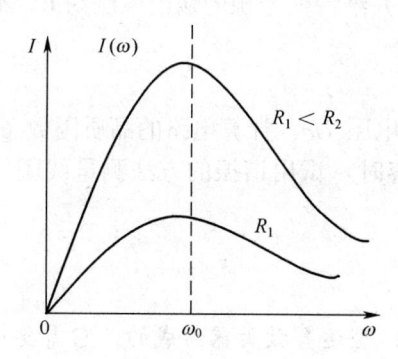

图 2-5-5　电流的幅频特性曲线 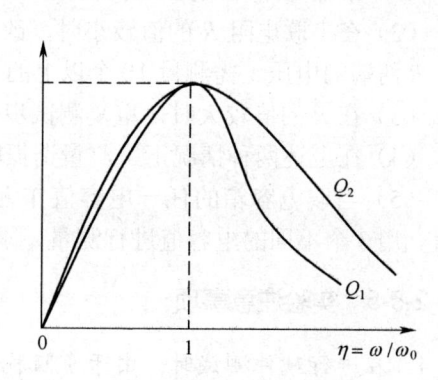　　　　图 2-5-6　串联谐振电路的通用曲线

图中,

$$\frac{I(\eta)}{I_0} = \frac{1}{\sqrt{1 + Q^2\eta\dfrac{1}{\eta}^2}}$$

式中,Q 称为电路的品质因数,$Q = \dfrac{\omega_0 L}{R} = \dfrac{\dfrac{1}{\omega_0 C}}{R} = \dfrac{1}{R}\sqrt{\dfrac{L}{C}}$。可以看出,$Q$ 越大,曲线的尖锐程度就越大,谐振电路的选择性就越好。

2-5-4　实验内容及步骤

1. 按图 2-5-7 所示接线,图中 r、L 为电感箱,C 为十进式电容箱,R 为电阻箱。

（1）C 取 0.05μF,改变 R 的值。用示波器观察并记录电流响应波形,总结出改变 R 对电流响应的影响,在电路产生振荡和非振荡过程中,记录电路中各元件的参数,并验证电路产生非振荡和振荡过程的条件。

（2）R 取 1500Ω,重复（1）步的要求。

2. 按图 2-5-8 所示的接线,图中 C 取 0.05μF,R 取 1500Ω 电阻-R_1,用示波器观察电流响应的等幅振荡过程和增幅振荡过程的波形。

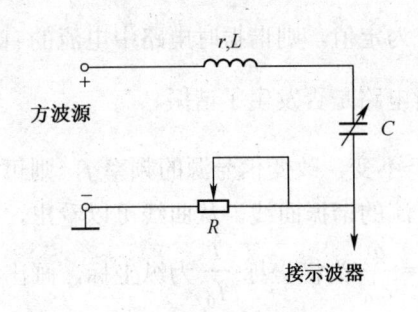

图 2-5-7 RLC 串联电路

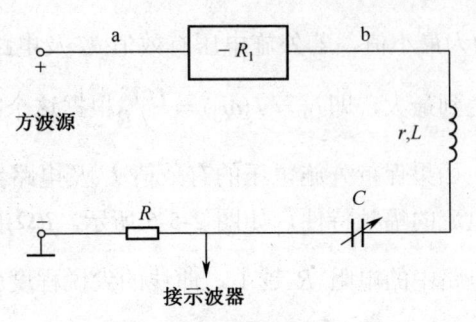

图 2-5-8 具有负电阻的 RLC 串联电路

3．RLC 串联谐振。

（1）接通电路，改变信号源频率，观察电路的谐振现象，找出电路的谐振频率。

（2）在串联电阻 R 的值较小时，改变信号源频率，并维持信号源的输出电压为 6V 不变。测量 R 两端的电压。需测量 10 个以上的数据。

（3）在 R 的值较大时，重复测试步骤（2）的内容。

（4）在上述两种情况下，测量谐振时电容器两端的电压 U_C。计算电路的品质因数 Q 值。

（5）当取电容箱的任一电容值作为已知的标准电容时，试用谐振的方法测量线圈的电感值。用 3 个不同的电容值进行测量，求其平均值。

2-5-5 实验注意事项

1．在进行硬件测试时，由于负阻抗变换器是由 741 型运算放大器组成的，它需要接上 ±15V 电源才能正常工作。

2．运算放大器较易损坏，测试时要防止运算放大器输出短接、电源接错及 ±15V 电源的公共接地线断开。

3．双踪示波器和低频信号发生器的公共地线必须连在一起。

4．RLC 串联谐振实验中，在谐振频率附近，应多取几个数据。

5．RLC 串联谐振实验中，每次改变频率时，都要用晶体管毫伏表测量低频信号发生器的输出电压，并调节输出电压使之保持为 6V 不变。

2-5-6 实验报告要求

1．根据测试数据，验证 RLC 二阶电路产生的过程和非振荡过程的条件。

2．绘制在 RLC 二阶电路测试中观察到的各种振荡及非振荡波形。

3．RLC 串联谐振实验中的要求。

（1）根据电路元件参数计算谐振频率，并与测试值比较。

（2）记录观察到的谐振现象。

（3）根据测试数据计算并绘制 $\frac{I}{I_0}$-η 通用曲线两条。

（4）计算通频带及电路的品质因数，说明通频带与品质因数及选择性之间的关系。

（5）根据谐振法所测数据，计算线圈的电感值，并与元件上标出的值比较，计算测量误差。

2-6 功率因数的提高

2-6-1 实验目的

1. 了解日光灯电路及工作原理。
2. 学习提高感性负载功率因数的方法。
3. 掌握功率表的正确使用方法。

2-6-2 实验仪器设备

功率表	1个
日光灯电路板	1套
电流表	1个
数字万用表	1个

2-6-3 实验原理

1. 日光灯电路工作原理

日光灯电路由日光灯管、镇流器、启辉器三部分组成。其原理如图2-6-1所示。当日光灯电路与电源接通后，电源电压通过镇流器施加在启辉器两端，致使启辉器内两个电极辉光放电，电路导通，辉光放电终止后，双金属片因温度下降而恢复原状，两电极脱离。此时回路中的电流突然切断而为零，在镇流器两端产生一个很高的感应电压，使管内惰性气体分子电离而产生弧光放电，管内温度逐渐升高，水银蒸汽游离，并猛烈地撞击惰性气体分子而放电。同时辐射出不可见的紫外线，而紫外线激发灯管壁的荧光物质发出可见光，日光灯管点亮。此时启辉器因两端压降较低，不再工作。

日光灯正常工作时，镇流器和灯管构成了电流的通路，由于镇流器与灯管串联并且感抗很大，因此电源电压大部分降落在镇流器上，可以限制和稳定电路的工作电流，即镇流器在日光灯正常工作时起限流作用。

2. 提高功率因数的意义

实际中的用电设备大多是感性负载，如电动机、变压器、日光灯等，日光灯的等效电路可用图2-6-2所示电路来表示。电路消耗的有功功率 $P=UI\cos\varphi$，当输送的有功功率 P 一定，电源电压 U 一定时，若功率因数低，则电源供给负载的电流就大，从而使输电线路上的线损增大，影响供电质量，同时还要多占电源容量，因此，提高功率因数有着非常重要的意义。

3. 提高功率因数的方法

提高感性负载功率因数常用的方法是在电路的输入端并联电容器。这是利用电容中超前电压的无功电流去补偿 RL 支路中滞后电压的无功电流，从而减小总电流的无功分量，提高功率因数，实现减小电路总的无功功率。而对于 RL 支路的电流、功率因数、有功功率并不发生变化。

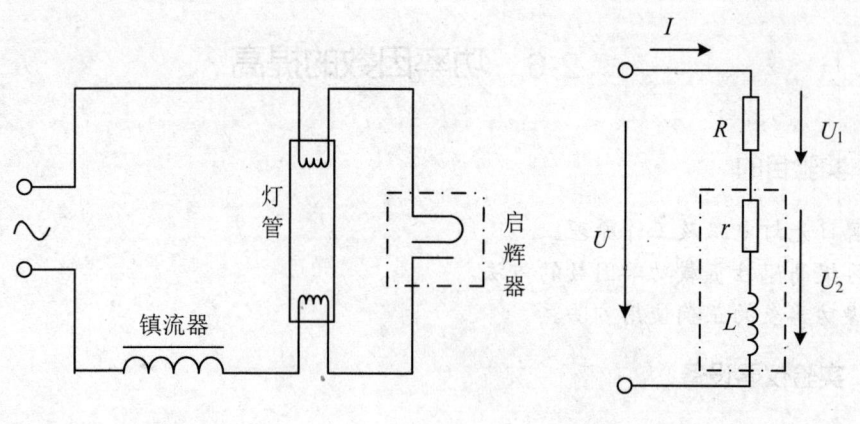

图 2-6-1　日光灯电路图　　　　　图 2-6-2　日光灯等效电路图

2-6-4　实验内容及步骤

1. 按图 2-6-3 所示电路图接线，日光灯点亮后，测量电路电流 I、有功功率 P、灯管电压 U_R 及镇流器电压 U_L。计算 P_R 及负载端的 $\cos\varphi$，填入表 2-6-1 中。

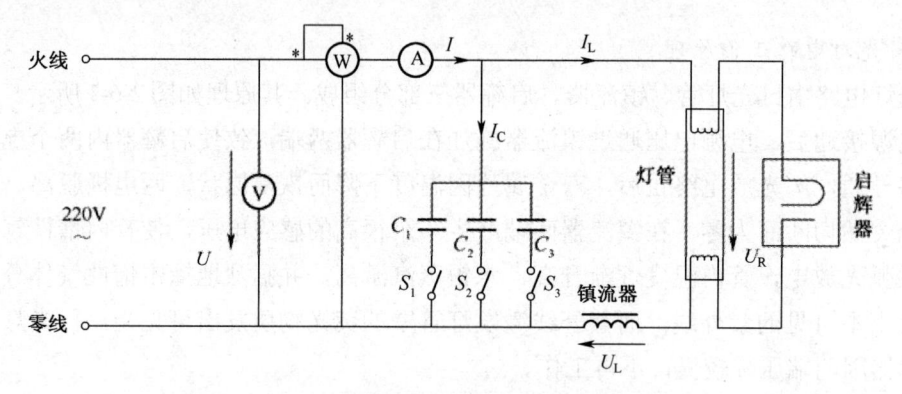

图 2-6-3　日光灯电路及功率因数提高实验电路图

表 2-6-1　实验数据表

电容值	测量数值					计算值	
(μF)	U (V)	U_R (V)	U_L (V)	I (A)	P (W)	P_R (W)	$\cos\varphi$
C=0							

2. 保持电源电压 220V 不变，依次并联电容，增加电容的值，观察和测量不同电容值时的 U_L、U_R、I 及 P，记入表 2-6-2 中。

表 2-6-2　实验数据表

电容值	测量数值					计算值
(μF)	U (V)	U_R (V)	U_L (V)	I (A)	P (W)	$\cos\varphi$
C=						
C=						

C=						
C=						
C=						
C=						

2-6-5 实验注意事项

1. 正确使用仪器设备，身体不要触及带电部分，以保证安全。
2. 每次换接线路，均要断开电源，不得在通电状态下换接线路，以免构成危险。
3. 正确连接日光灯电路，以免损坏灯管。
4. 功率表要正确接入线路，经查无误后方可送电。

2-6-6 实验报告要求

1. 完成数据表格中的计算。
2. 计算正弦情况下，欲使负载端$\cos\varphi=1$时应并联的电容值。
3. 绘制$\cos\varphi=f(c)$和$I=f(c)$曲线图。
4. 作出 $C=0$ 时电路的电压相量图，并在此基础上分析感性负载并联适当的电容后可以提高功率因数的原理（结合相量图进行分析说明）。

2-6-7 实验思考题

1. 并联电容后，总电流和功率因数有何变化？提高感性负载功率因数的实际意义是什么？
2. 为什么要用并联电容的方法提高功率因数，串联电容行不行？试分析之。

2-6-8 实验小资料

1. 功率表的结构、接线与使用方法

功率表：又称瓦特表，是一种电动式仪表，如图 2-6-4 所示。其电流线圈与负载串联，其电压线圈与负载并联。为了不使功率表的指针反向偏转，功率表电流线圈和电压线圈的一个端钮上标有"*"标记。正确的连接方法是：电流线圈和电压线圈的同名端（标有*号标记的两个端钮）必须连在一起，均应连在电源的同一端。本实验使用数字功率表，连接方法与电动式功率表相同，如图 2-6-5 所示。

图 2-6-4 功率表的面板，各端钮表面符号所代表的意义

（a）　　　　　　　　　（b）

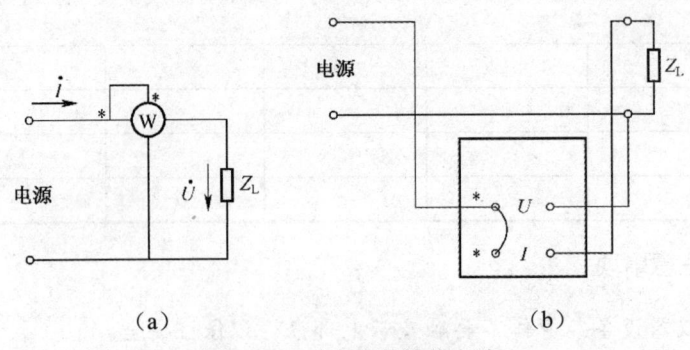

图 2-6-5　功率表的接线方法

图 2-6-5（a）所示连接称并联电压线圈前接法，功率表读数中包括了电流线圈的功耗，它适用于负载阻抗远大于电流线圈阻抗的情况。

图 2-6-5（b）所示是功率表在电路中的连接线路和测试端钮的外部连接示意图。

2．功率表的读数方法

在多量程功率表中，刻度盘上只有一条标尺，它不标瓦特数，只标出分格数。因此，被测功率须按下式换算得出

$$P = C\alpha$$

式中 P 为被测功率，单位为瓦特（W），C 为电表功率常数，单位为瓦/格，α 为电表偏转指示格数。

普通功率表的功率常数 $C = U_N I_N / \alpha_M$

式中 U_N 为电压线圈额定量程，I_N 为电流线圈额定量程，α_M 为标尺满刻度总格数。

2-7　三相电路的电压、电流和功率的测量

2-7-1　实验目的

1．学习在三相电路负载星形连接时验证 $U_L = \sqrt{3} U_P$ 关系。
2．学习三相负载功率的测量方法。
3．加深对中线作用的理解。

2-7-2　实验仪器设备

三相灯组负载板	1套
交流电流表	1个
数字万用表	1个
三相自耦调压器	1台

2-7-3　实验原理

在三相电路中，负载连接的方式有星形连接和三角形连接，负载有对称和不对称两种情

况。在星形连接时,其线电压与相电压之间有 $\sqrt{3}$ 关系,线电流等于相电流;在三角形连接时,线电压即是相电压,如负载对称,线电流和相电流之间有 $\sqrt{3}$ 关系。负载的连接方式取决于负载所需的额定电压。

星形连接时,在负载对称的三相电路中,当采用三相四线制接法时,流过中线的电流 $I_0=0$,所以可以省去中线,采用三相三线制供电。在负载不对称的三相电路中,都采用三相四线制,因为不对称三相负载在连接成星形又不接中线时,负载中性点 N 对电源中性点 N 有位移,这样会造成负载各相电压不对称,各相电流也不相等,致使负载轻的那一相相电压过高,使负载遭受损坏;负载重的一相相电压又过低,使负载不能正常工作。尤其是对于三相照明负载,无条件地一律采用 Y_0 接法。若改为有中性线的三相四线制供电,则中线可以保证各相负载电压对称,使各相负载间互不影响。

为防止三相负载不对称而又无中线时相电压过高而损坏灯泡,本实验采用"三相220V电源",即线电压为220V,可以通过三相自耦调压器来实现。

三相负载所吸收的功率等于各相负载功率之和。在对称三相电路中,因各相负载所吸收的功率相等,故用一只功率表测出任一相的功率,然后乘 3 即得三相负载的功率。在不对称三相电路中,各相负载功率不相等,可用三只功率表分别测出各相功率,然后相加即得三相负载的功率。这种测量方法称为三功率法。在三相三线制电路中,不论对称与否,均可使用两只功率表来测三相功率。它们连接方式如图2-7-1所示。两只功率表的电流线圈分别串入任意两条端线中(图示为 A、B 线),它们的电压线圈的非对应端(即无星号*端)共同接在第三条端线上(图示为C线)。可见在这种测量方法中,功率表的接线与负载及电源的连接方式无关。如果按上述规定接线,功率表的指针反向偏转,应把功率表的转换开关由"+"转到"−"位置,或把功率表的电流线圈的接头对调,并把读数记为负值。两只功率表读数的代数和即为所测的三相功率。这种测量方法称为二功率法。

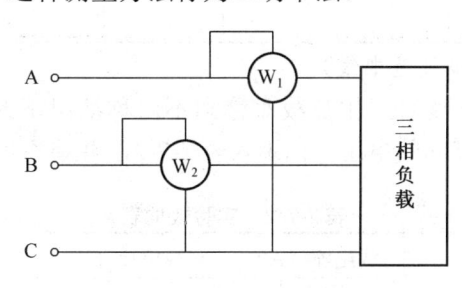

图 2-7-1 二瓦计法测三相功率电路图

2-7-4 实验内容及步骤

1. 三相四线制 Y_0 形连接(有中线)

按图2-7-2所示组装实验电路,即三相灯组负载经三相自耦调压器接通三相对称电源,并将三相调压器的旋柄置于三相电压输出为0V的位置,检查确认后,方可合上三相电源开关,然后调节调压器的输出,使输出的三相线电压为220V。

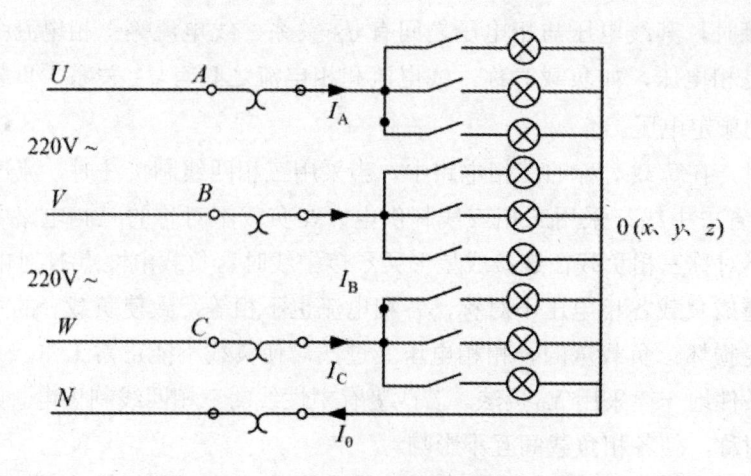

图 2-7-2 三相负载星形连接实验电路图

按表 2-7-1 要求，测量有中线时三相负载对称和不对称情况下的线电压、相电压、线电流（相电流）和中线电流之值，并观察各相灯组亮暗程度是否一致，特别要注意观察中线的作用。

表 2-7-1 实验数据表

测量数据 负载情况	开灯盏数			线电流（A）			线电压（V）			相电压（V）			中线电流 I_O（A）	中点电压 U_{NO}（V）
	A相	B相	C相	I_A	I_B	I_C	U_{AB}	U_{BC}	U_{CA}	U_{AO}	U_{BO}	U_{CO}		
Y_0接 平衡负载	3	3	3											
Y_0接 不平衡负载	1	2	3											

2. 三相三线制 Y 形连接（无中线）

将中线断开，测量无中线时三相负载对称和不对称情况下的线电压、相电压、线电流（相电流）、电源与负载中点间的电压，记录入表 2-7-2，并观察各相灯亮暗的变化程度。

表 2-7-2 实验数据表

测量数据 负载情况	开灯盏数			线电流（A）			线电压（V）			相电压（V）			中点 电压 U_{NO}（V）
	A相	B相	C相	I_A	I_B	I_C	U_{AB}	U_{BC}	U_{CA}	U_{AO}	U_{BO}	U_{CO}	
Y接 平衡负载	3	3	3										
Y接 不平衡负载	1	2	3										

2-7-5 实验注意事项

1. 本实验采用三相交流市电，应穿绝缘鞋进入实验室。实验时要注意人身安全，不可触及导电部件，防止意外事故发生。
2. 为防止三相负载不对称而又无中线时相电压过高而损坏灯泡，本实验采用"三相220V 电源"，即线电压为 220V，可以通过三相自耦调压器来实现。
3. 注意三相调压器的正确接线，调压器中点 N 必须与电源中线相连接。
4. 连接线路时必须切断电源，以免触电。

2-7-6 实验报告要求

1. 根据测试数据，验证对称三相电路中线电压与相电压，线电流与相电流的关系。
2. 用实验数据和观察到的现象，总结三相四线供电系统中中线的作用。
3. 计算实验中四种情况的三相功率，并分析。
4. 根据测试数据，画出三相电路中断开一相负载后其电压和电流的相量图。

2-7-7 实验思考题

1. 图 2-7-3 所示电路不接中线时，可以用来测三相电源的相序。设接电容负载的为 A 相，则灯泡较亮的一相为 B 相，暗的为 C 相，试对其工作原理进行分析。
2. 在三相四线制中，中线是不允许接保险线的，试分析其原理。

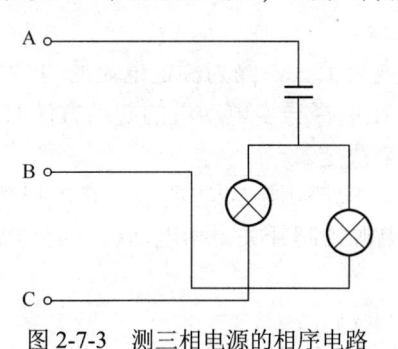

图 2-7-3 测三相电源的相序电路

2-8 三相异步电动机控制电路设计

2-8-1 实验目的

1. 熟悉电机铭牌上额定值的意义。
2. 了解接触器的基本结构，学习用接触器控制异步电动机直接起动的方法。
3. 学习电动机正反转控制线路的连接。
4. 了解"互锁"在控制线路中的作用。
5. 三相异步电动机正反转控制电路的设计。

设计任务和要求：
（1）必须保证两个接触器不能同时工作。
（2）在正转过程中要求演示反转时，不必先按停止按钮而直接按反转起动按钮即可。

2-8-2 实验仪器设备

鼠笼式异步电动机	1 台
兆欧表	1 个
接触器	多个
按钮	多个
数字万用表	1 个

2-8-3 实验原理

电动机铭牌上的额定值是正确使用电动机的主要依据，在电机试验之前，必须熟悉它的意义，对电动机的电气部分和机械结构部分（如转动部分）也要先检查，测定绝缘电阻是电气部分检查的基础项目之一。

1. 异步电动机绝缘电阻的测定

电动机的绝缘电阻是指每组绕组和机壳（地）之间以及任意两绕组之间的绝缘电阻，如果电动机的额定功率小于 100kW，额定电压为 380V，则其绝缘电阻不低于 0.5MΩ，绝缘电阻应用 500V 的兆欧表测量。

2. 电动机单向连续运转控制

异步电动机起动时，起动电流很大，约为额定电流的 4~7 倍，而起动转矩并不大，仅为额定转矩的 1~1.8 倍。因此，在选择异步电动机的起动方法时，必须依据电网容量以及负载对起动转矩的要求等具体情况来决定。

电动机的单向连续运转控制电路如图 2-8-1 所示。其控制过程如下：

（1）先闭合主回路中的电源控制开关，为电动机的起动做好准备，图中 M 为三相异步电动机。

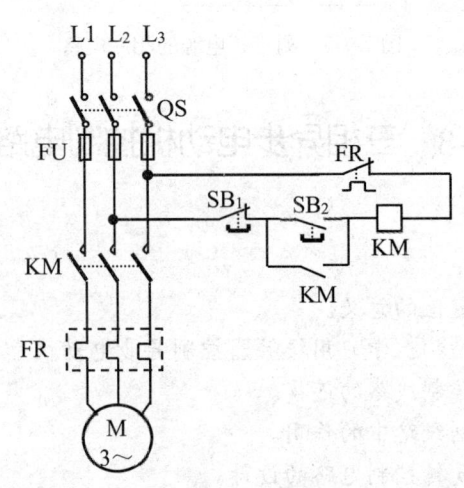

图 2-8-1 电动机的单向连续运转控制电路

（2）按下常开按钮 SB₂，接触器 KM 线圈得电，KM 的三对主触点闭合，电动机主电路接通，电动机单向运转，同时 KM 的辅助常开触点也闭合，起自锁作用：把手松开按钮 SB₂，电动机控制回路中电流由从 SB₂ 通过改为从 KM 辅助常开触点通过，即控制回路仍然闭合，因此 KM 线圈不会失电，电动机主回路触点不会断开，仍将连续运行。

（3）需要电动机停下来时，按下停止按钮 SB₁ 即可，控制回路电流由 SB₁ 处断开，造成接触器 KM 线圈断电，其主触点打开，电动机停转。

3．异步电动机的反转

当需要三相异步电动机反转时，只需对接在定子上的三相电源线任意对调两根就可以实现。

继电接触器目前大量应用于电动机的起动、制动、停止、正反转及调速控制等，使生产机械能按既定的顺序工作，同时，也能对电动机和生产机械进行保护。控制线路原理图中所用电器的触点都处于静态位置，例如，对于继电器和接触器来说，就是指线圈未通电的位置，又如按钮是在没有受到压力时的位置。

为让电机实现正反转，只要将接到电源的任意两根连线对调一头即可。为此，只要两个交流接触器就能实现这一要求。当正转接触器 KMF 工作时，电动机正转；当反转接触器 KMR 工作时，由于调换了两根电源线，所以电动机反转。

2-8-4　实验内容及步骤

1．抄录待测电动机的铭牌数据，理解这些数据的物理意义，弄清出线端标号与各绕组起、末端的关系。

2．用手转动电动机转轴，观察转动是否有卡住、扫膛、轴承缺油等现象。

3．用兆欧表分别测量三相定子绕组的相间绝缘和对地（机壳）的电阻值。

4．把电路图与实物相对照，做到能把电路中的图符号、文字符号与实际设备一一对应，了解接触器、按钮的结构，分清主触头、辅助触头、常开、常闭触头，按图 2-8-1 进行连线。

5．连线结束检查无误后通电操作，按下起动按钮 SB₂，电动机起动后观察电机旋转方向。

6．按下停止按钮 SB₁，电动机停转。关断电源，将电源接到主触头的三根线中任意对调两根连接好，合上电源，按下起动按钮 SB₂，观察电机旋转方向是否改变。

7．观察自锁触头的作用，拆除控制线路中的自锁触头连线后，再合上电源，进行点动操作。

8．自己设计三相异步电动机正反转控制电路，并组建电路并调试。

（1）根据设计要求自拟主回路、控制回路电路图（必须有电气和机械双重互锁）。

（2）将设计电路图交老师检查，如果正确，按图接线。

（3）控制电路实验：接通控制电路电源，分别按下"正转""反转"和"停止"按钮，观察电机和接触器的工作状态。

（4）主电路实验：接通主电路，重复实验（3）的步骤。

2-8-5　实验注意事项

1．本实验系强电实验，接线前（包括改接线路）、实验后都必须断开实验线路的电源，特别改接线路和拆线时必须遵守"先断电，后拆线"的原则。

2. 电机在运转时，电压和转速均很高，切勿触碰导电和转动部分，以免发生人身和设备事故。

2-8-6 实验报告要求

1. 比较用接触器控制电动机和用闸刀控制电动机直接启动的优缺点。
2. 你在实验过程中遇到过什么问题？是如何解决的？
3. 你能用万用表判断交流接触器与按钮的好坏吗？如何判断？
4. 设计三相异步电动机正反转控制电路要求：

（1）测试异步电机正反转控制电路中各电器的状态。用"1"表示线圈通电或触头按钮闭合，用"0"表示断开状态。测试结果填入表 2-8-1（此表格仅供参考）。

表 2-8-1 实验数据表

电器	SB$_1$	SB$_F$	SB$_R$	KM$_F$（常开）	KM$_R$（常开）	KM$_F$（常闭）	KM$_R$（常闭）	KM$_F$	KM$_R$
电机停转									
电机正转									
电机反转									

（2）思考题：在电动机正、反转控制线路中，为什么必须保证两个接触器不能同时工作？采用哪些措施可解决此问题？这些方法有何利弊？最佳方案是什么？

2-8-7 实验小资料

1. 三相鼠笼式异步电动机的检查

（1）机械检查。

检查引出线是否齐全、牢靠；转子转动是否灵活、匀称、有否异常声响等。

（2）电气检查。

用兆欧表检查电机绕组间及绕组与机壳之间的绝缘性能。

电动机的绝缘电阻可以用兆欧表进行测量。对额定电压 1kV 以下的电动机，其绝缘电阻值最低不得小于 1000Ω/V，测量方法如图 2-8-2 所示。一般 500V 以下的中小型电动机最低应具有 0.5MΩ 的绝缘电阻。

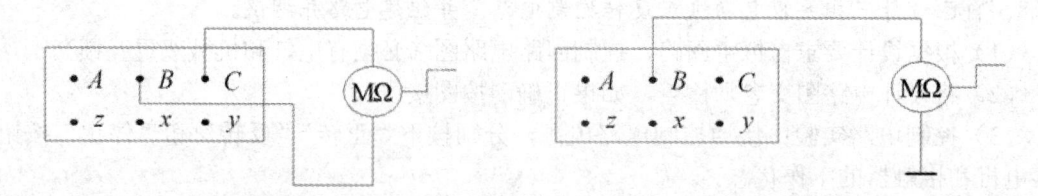

（a）电机绕组间的测量检查　　　　　　（b）电机绕组与机壳间的测量检查

图 2-8-2 电动机绝缘电阻测量方法

2. 兆欧表及其使用方法

（1）兆欧表有三个接线柱，上面分别标有线路 L、接地 E 和屏幕或保护环 G，如图 2-8-3 所示。测量电动机的绝缘电阻时，要先拆开电动机绕组的 Y 或 △形连接的连线。用兆欧表的两接线柱 E 和 L 分别接电动机的两相绕组。摇动兆欧表的发电机手柄读数。此接法测出的是电动机绕组的相间绝缘电阻。

电动机绕组对地绝缘电阻的测量接线：接线柱 E 接电动机机壳（应清除机壳上接触处的漆或锈等），接线柱 L 接电动机绕组上。摇动兆欧表的发电机手柄读数，测量出电动机对地绝缘电阻。

（2）兆欧表使用注意事项：

测量电动机的绝缘电阻时，必须先切断设备电源，而且要先进行放电。兆欧表应水平放置，未接线之前，应先摇动兆欧表，观察指针是否在∞处，再将 L 和 E 两接线柱短路，慢慢摇动兆欧表，指针应指在零处。经开路、短路试验，证实兆欧表完好方可进行测量。兆欧表的引线应用多股软线，且两根引线切忌绞在一起，以免造成测量数据不准确；兆欧表测量完毕，应立即使被测物放电，在兆欧表的摇把未停止转动和被测物未放电前，不可用手去触及被测物的测量部位或进行拆线，以防止触电；被测物表面应擦拭干净，不得有污物，以免造成测量数据的不准确。

图 2-8-3 兆欧表

第三部分　电子技术实验

3-1　常用电子仪器的使用

3-1-1　实验目的

1. 学习常用电子仪器——双踪示波器、函数信号发生器、直流稳压电源、交流毫伏表的主要技术指标、性能及正确使用方法。
2. 初步掌握用交流毫伏表和双踪示波器观察正弦信号波形和读取波形参数的方法。

3-1-2　实验仪器设备

函数信号发生器　　EE1641B　　1台
双踪示波器　　　　DS-500　　　1台
交流毫伏表　　　　DF1930　　　1个

3-1-3　实验仪器介绍

电子电路中常用电子仪器布局图，如图 3-1-1 所示。

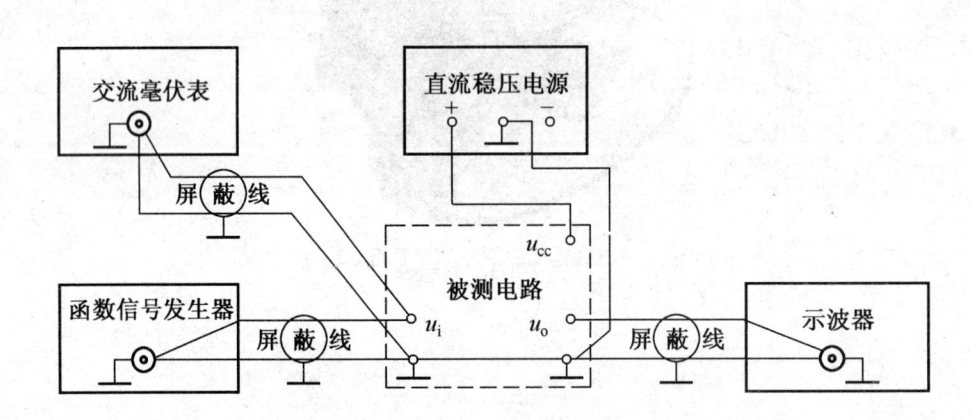

图 3-1-1　电子电路中常用电子仪器布局图

直流稳压电源：把交流电源转换成直流电源的装置。

示波器：用来观察电路中各测试点的波形，监测电路的工作情况，也可用于测量小信号的周期、幅度、相位差以及观察电路的特性曲线等。

函数信号发生器：为测量电路提供各种频率、幅度及波形的输入信号。

交流毫伏表：用于测量电路输入、输出信号的有效值。

1. 双踪示波器

DS 5000 数字存储示波器是一种用途很广的电子测量仪器，它既能直接显示电信号的波形，又能对电信号进行各种参数的测量。可以同时观察和测量两个信号波形。如图 3-1-2 所示，面板上包括旋钮和功能按键。旋钮的功能与其他示波器类似。显示屏右侧的一列 5 个灰色按键为菜单操作键（自上而下定义为 1 号至 5 号），通过它们可以设置当前菜单的不同选项。其他按键为功能键，通过它们，可以进入不同的功能菜单或直接获得特定的功能应用，希望在实验中自己动手加以摸索和掌握。

从荧光屏的 Y 轴刻度尺并结合其量程分挡选择开关（Y 轴输入电压灵敏度分挡选择开关）读得电信号的幅值（V_{P-P}=峰峰值波形格数×V/div）。从荧光屏的 X 轴刻度尺并结合其量程分挡选择开关（时间扫描速度分挡选择开关），读得电信号的周期、脉宽、相位差等参数（$T=$一个周期占有的格数×t/div）。其中：$V_{P-P}=2\sqrt{2}V_{有效值}$，$V_{有效值}=V_{rms}$（均方根值）$=0.707V_{P-P}/2$。

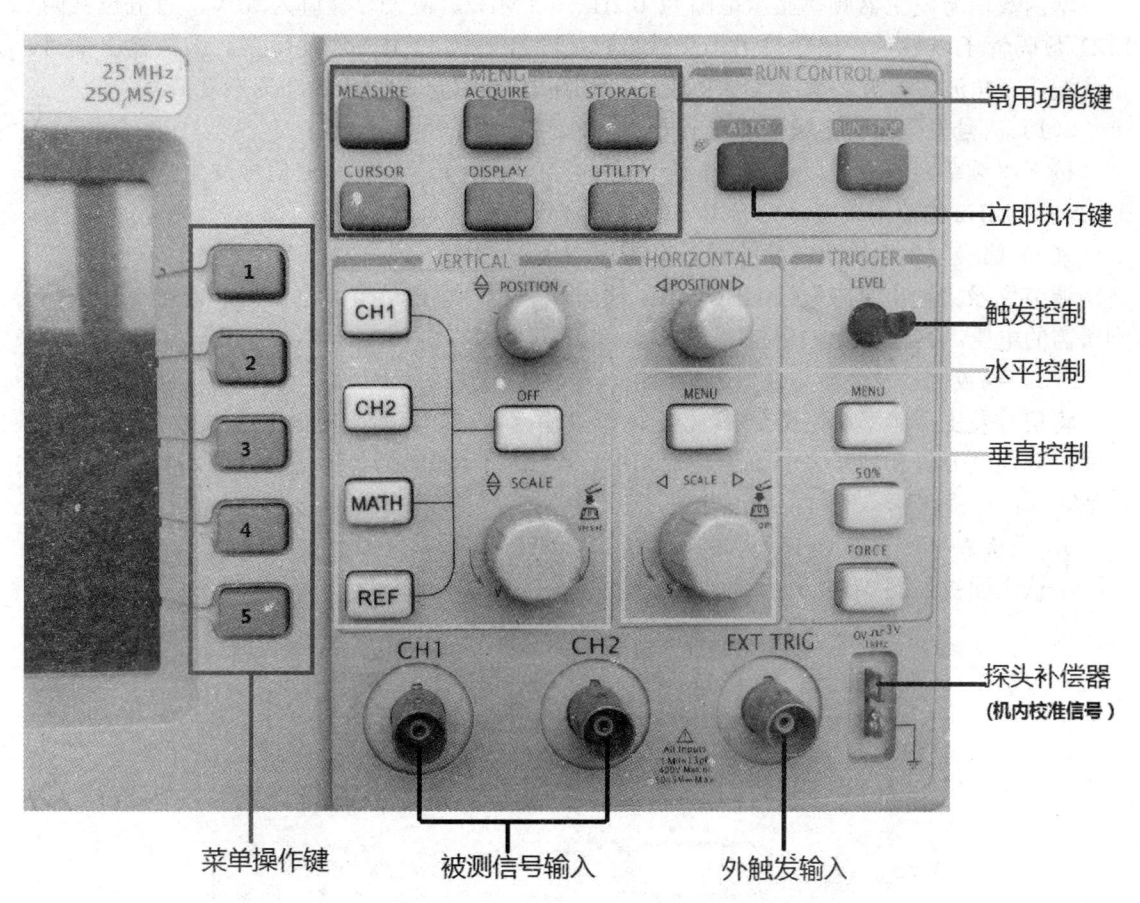

图 3-1-2 数字存储示波器面板按键说明图

2. 函数信号发生器

函数信号发生器面板如图 3-1-3 所示。

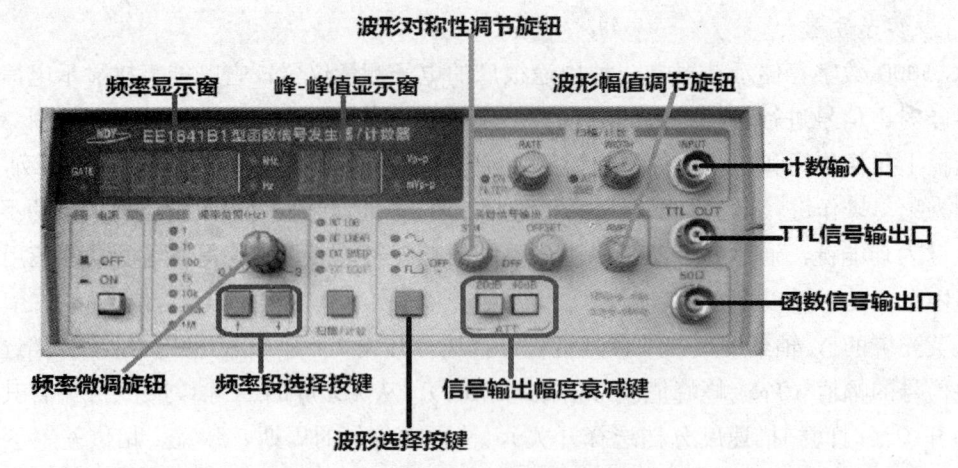

图 3-1-3　函数信号发生器面板说明图

本函数信号发生器频率显示范围为 0.2Hz～20MHz，最大峰峰值为 10V，有五位共阴极 LED 数码管予以显示，函数输出不衰减：$1V_{P-P}$～$10V_{P-P}$，±10%连续可调。函数输出信号：正弦波、三角波、方波。输出信号衰减：0dB/20dB/40dB/60dB（0dB 即为不衰减）。

（1）信号发生器输出频率的调节方法。

按下"频率范围"波段开关，配合面上的"频率调节"旋钮可使信号发生器输出频率在 0.2Hz～20MHz 的范围改变。

（2）信号发生器输出幅度的调节方法。

调节仪器"输出衰减"（20dB/40dB）波段开关和"输出调节"电位器，便可在输出端得到所需的电压，其输出 0～10V 的范围。

（3）函数信号发生器与毫伏表的使用（毫伏表的使用接下讲解）。

将信号发生器频率旋钮调至 1kHz，调节"输出调节"旋钮，使输出电压为 5V 左右的正弦波，分别至分贝衰减开关于 0dB、-20dB、-40dB、-60dB 挡，用毫伏表分别测量相应的电压值。

3．毫伏表

毫伏表面板如图 3-1-4 所示。

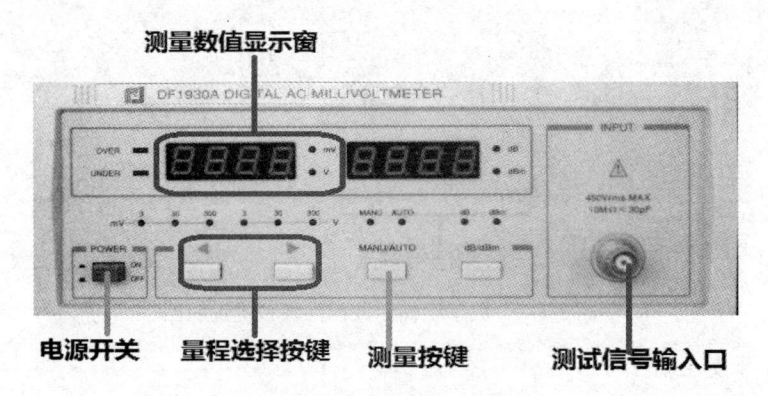

图 3-1-4　毫伏表面板说明图

毫伏表只能在其工作频率范围之内，用来测量正弦交流电压的有效值。本系列毫伏表采用单片机控制技术和液晶点阵技术，集模拟与数字技术于一体，是一种通用型智能化的全自动数字交流毫伏表。适用于测量频率 5Hz～2MHz，电压 0～300V 的正弦波有效值电压。具有测量精度高、测量速度快、输入阻抗高、频率影响误差小等优点。

3-1-4 实验内容及步骤

1 用机内校准信号对示波器进行自检。

（1）将示波器探头上的黄色键向上推，探头如图 3-1-5 所示，使探头比例显示为 1:1，把示波器 CH1 通道的探头探针与示波器机内校准信号端相连，按 AUTO（自动设置）按钮，几秒钟内可见到方波显示（1kHz，约 3V，方波）。

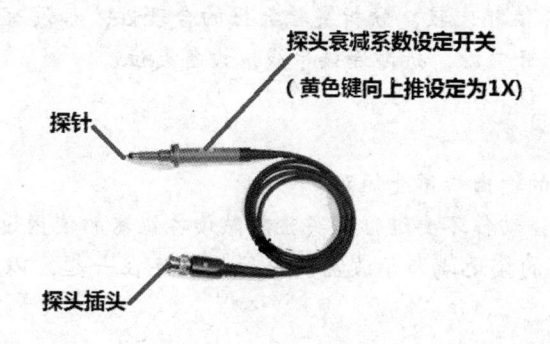

图 3-1-5 探头说明图

（2）以同样的方法检查通道 CH2。按 OFF 功能按钮以关闭通道 CH1，按 CH2 功能按钮以打开通道 CH2，重复步骤（1）。

（3）测试"校准信号"波形的幅度、频率，并记录波形。

1）将探头菜单衰减系数设定为 1X，并将探头上的开关设定为 1X。

2）将通道 CH1 的探头连接到示波器的探头补偿器。

3）按下 AUTO（自动设置）按钮。示波器将自动设置使波形显示达到最佳。

（4）按如下步骤操作测量信号频率和峰峰值。

1）测量峰峰值。

按下 MEASURE 按钮以显示自动测量菜单。

按下 1 号菜单操作键以选择信源 CH1。

按下 2 号菜单操作键选择测量类型：电压测量。

按下 2 号菜单操作键选择测量参数：峰峰值。在屏幕下方可发现峰峰值的显示。

2）测量频率。

按下 3 号菜单操作键选择测量类型：时间测量。

按下 2 号菜单操作键选择测量参数：频率。在屏幕下方可发现频率的显示。

根据所测得的数据画出校准信号的波形。

注意：将输入耦合方式置于"交流"或"直流"，调节水平 SCALE 旋钮改变"S/div（秒/格）"水平挡位，使示波器显示屏上显示出一个或数个周期稳定的方波波形。测量结果在屏幕上的显示会因为被测信号的变化而改变。

2．从函数信号发生器产生一频率为 1000Hz，峰峰值为 10V 的正弦波信号，将其接入示波器测量，读出其频率和峰峰值，并记录其波形。

（1）把函数信号发生器的波形选择为正弦波；把频率选择在合适的范围内，并使用频率微调旋钮使频率达到要求的值；选择合适的信号输出衰减范围，调节幅值旋钮使峰峰值达到要求的值。

（2）把示波器探针与函数信号发生器函数输出端口相连，示波器与函数信号发生器共"地"；将函数信号发生器产生的正弦波接入示波器进行测量。

（3）调节示波器将正弦波形显示在屏幕中，测量正弦波的频率和幅值，并记录其波形。

3．将第 2 步函数信号发生器所产生的正弦信号接入交流毫伏表测量其有效值，并将测量的有效值与有效值的计算值相比较，分析实验数据的合理性，如没有问题可以让指导教师审阅，合格后实验结束，断开电源，拆卸连接导线，设备复位。

3-1-5　实验注意事项

1．函数信号发生器的输出端不能短路。

2．调节仪器旋钮时，动作不要过猛。实验前熟读各仪器的使用说明。

3．函数信号发生器的接地端与示波器的接地端要连在一起，以防外界干扰而影响测量的准确性。

3-1-6　实验思考题

1．电子实验中为什么要用交流毫伏表来测量电子线路中的电压？为什么不能用万用表的电压挡或交流电压表来测量？

2．函数信号发生器有哪几种输出波形？它的输出端能否短接，如用屏蔽线作为输出引线，则屏蔽层一端应该接在哪个接线柱上？

3．交流毫伏表是用来测量正弦波电压还是非正弦波电压？它显示的值是被测信号的什么数值？峰峰值与有效值之间有怎样的关系？

3-2　整流、滤波与稳压电路的研究

3-2-1　实验目的

1．学习用数字万用表判别二极管好坏和极性的方法。
2．熟悉桥式整流滤波电路。

3-2-2　实验仪器设备

双踪示波器　　　　1台
单相调压器　　　　1台
数字万用表　　　　1个
电源变压器　　　　1台

3-2-3 实验原理

在电子电路中，通常都需要电压稳定的直流电源供应，大多数直流稳压电源由以下几个部分组成，各部分的作用如下：

1. 整流与滤波电路

外接交流电压通过电源变压器成为符合所要求的交流电压，然后通过整流电路将该交流电压变换成脉动直流电压。脉动直流电压除了所需要的直流成分外，还包括交流成分。其输入电压与输出电压的关系分别是 $U_o=0.9U_2$（有效值）。经过滤波电路时，可将大部分交流成分滤去，从而使波形变得比较平滑，输入电压、输出电压（有效值）之间的关系为 $U_o=(1.0\sim 1.4)U_2$，空载时为 $U_o=\sqrt{2}\,U_2$。

2. 稳压电路

由整流滤波电路输出的直流电压稳定性较差，其不稳定因素有二，一是交流电网的变化；二是整流电路有很大的内阻，当负载变化时，电流流经内阻会有很大的压降变化，这使输出电压随之有较大变化。采用稳压电路后输出电压的稳定性将大为改善，同时其波形也更为平滑。

测试电路如图 3-2-1 所示。

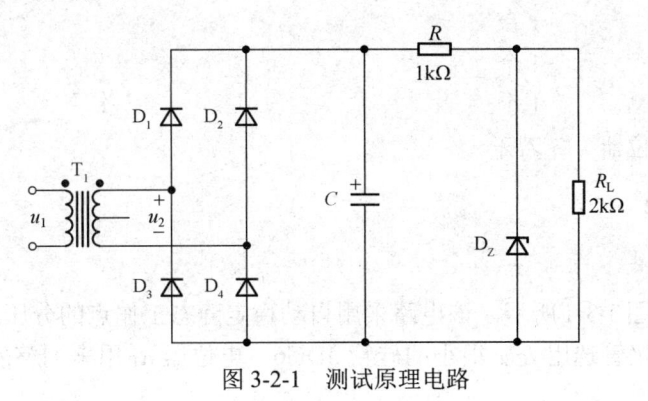

图 3-2-1 测试原理电路

3-2-4 实验内容及步骤

1. 用数字万用表检查各元件好坏，判断二极管、稳压管的极性。
2. 按图 3-2-1 所示将整流部分、滤波部分及稳压部分电路组装好。
3. 检查电路无误后，接通电源。
4. 测量输入电压和输出电压。在不接和接上滤波电容 C 两种状态下，分别测量 U_1、U_2、U_C、U_Z、U_L 值，将测量值记入表中（表格自行设计）。

3-2-5 实验注意事项

1. 不要用示波器观察市电电压 U_1，否则可能导致电源短路。
2. 测试过程中不要使负载短路。

3-2-6 实验报告要求

整理测试数据并按测试内容计算。

3-2-7 实验思考题

根据图 3-2-1 所示电路，U_1=220V、U_2=21V、R_L=2kΩ、I_L=5mA，考虑电网电压有±10%的波动，试选择二极管、稳压管，估算限流电阻 R。

3-3 单级共射放大电路

3-3-1 实验目的

1. 学习单级放大电路静态工作点及动态参数的测试方法。
2. 学习使用示波器测量电压波形的幅值与相位，用万用表测量直流电压的方法。
3. 学习通频带的测量方法。

3-3-2 实验仪器设备

双踪示波器	1台
信号发生器	1台
交流毫伏表	1个
数字万用表	1个
电阻、电容、电位器	若干

3-3-3 实验原理

1. 参考电路

测试参考电路如图 3-3-1 所示。该电路采用自动稳定静态工作点的分压式射极偏置电路，其温度稳定性好。三极管选用 I_{CEO} 很小的硅管 3DG6，电位器 R_P 用来调整静态工作点。

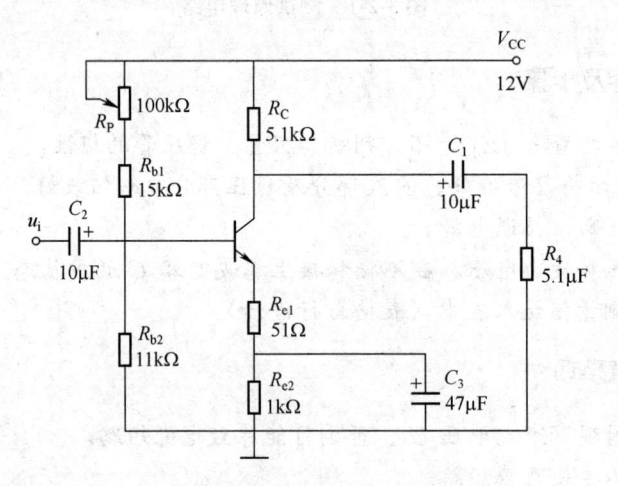

图 3-3-1 单级共射放大电路

2. 静态工作点测量

在半导体三极管放大器的图解分析中已经介绍，为了获得最大不失真的输出电压，静态工作点应选在输出特性曲线上交流负载的中点。若工作点选得太高,易引起饱和失真,而选得太低,又易引起截止失真。测试中,如果测得 $U_{CEQ}<0.5V$,说明三极管已饱和;如测得 $U_{CEQ}\approx U_{CC}$,则说明三极管已经截止。对于线性放大电路,这两种工作点都是不合适的,必须对其进行调整。

静态工作点的位置与电路参数 U_{CC}、R_C、R_{b11}(R_p 与 R_{b1} 之和)、R_{b2} 都有关。当电路参数确定之后,工作点的调整主要是通过调节电位器 R_p 来实现的。R_p 调小,工作点增高;R_p 调大,工作点降低。当然,如果输入信号过大,使三极管工作在非线性区,即使工作点选在交流负载线的中心,输出电压波形将可能出现双向失真。

静态工作点是指,输入交流信号为零时的三极管集电极电流 I_{CQ} 和管压降 U_{CEQ}。要直接测量 I_{CQ},需断开集电极回路,比较麻烦,所以常采用电压测量法来换算电流,即先测出 U_E(发射极对地电压),再利用公式 $I_{CQ}\approx I_{EQ}=U_E/R_e$,算出 I_{CQ}。此法虽简便,但测量精度稍差,故应选用内阻较高的电压表。

3. 电压放大倍数的测量

电压放大倍数 A_U 是指输出电压与输入电压的有效值之比,即 $A_U=U_o/U_i$。

测试中,需用示波器监视放大电路输出电压的波形,在不失真时,用交流毫伏表分别测量输入、输出电压,然后按上式计算电压放大倍数。

对于图 3-3-1 所示电路,电压放大倍数 A_U 和三极管输入电阻 r_{be} 分别为

$$A_U = -\frac{\beta(R_C//R_L)}{r_{be}+(1+\beta)R_{e1}}$$

$$r_{be} \approx 300+(1+\beta)\frac{26(mV)}{I_{EQ}(mA)}$$

4. 输入电阻的测量

输入电阻 R_i 的大小表示放大电路从信号源或前级放大电路获取电流的多少。输入电阻越大,索取前级电流越小,对前级的影响就越小。

输入电阻的测量原理如图 3-3-2 所示。在信号源与放大电路之间串入一个已知阻值的电阻 R,用交流毫伏表分别测出 R 两端的电压 U'_s 和 U_i,则输入电阻为

$$R_i = \frac{U_i}{I_i} = \frac{U_i}{(U'_s-U_i)/R}$$

电阻 R 的值不宜取得过大,过大易引入干扰;但也不宜取得太小,太小易引起较大的测量误差。最好取 R 与 R_i 的阻值为同一数量级。

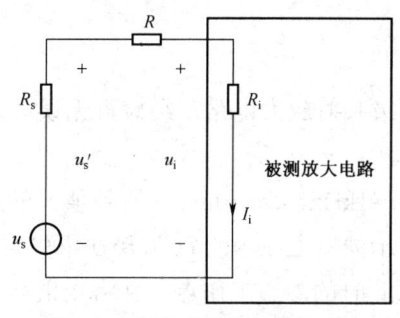

图 3-3-2 测试输入电阻原理图

5. 输出电阻的测量

输出电阻 R_O 的大小表示电路带负载能力的大小。输出电阻越小，带负载能力越强。

输出电阻的测量原理如图 3-3-3 所示。交流毫伏表分别测量放大器的开路电压 U_O 和负载电阻上的电压 U_{OL}，则输出电阻 R_O 可通过计算求得。

由图 3-3-3 可知
$$U_{OL} = \frac{R_L}{R_O + R_L} U_O$$

所以
$$R_O = R_L \left(\frac{U_O}{U_{OL}} - 1 \right)$$

同样，为了使测量值尽可能精确，最好取 R_L 与 R_O 的阻值为同一数量级。

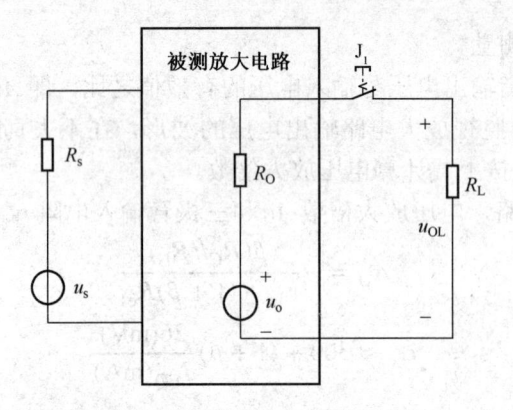

图 3-3-3 测试输出电阻原理图

6. 幅频特性的测量

放大器的幅频特性是指放大器的增益与输入信号频率之间的关系。一般用逐点法进行测量。在保持输入信号幅值不变的情况下，改变输入信号的频率，逐点测量对应于不同频率时的电压增益，用对数坐标纸画出幅频特性曲线。通常将放大倍数下降到中频电压放大倍数的 0.707 倍时所对应的频率称为该放大电路上、下限截止频率，分别用 f_H 和 f_L 表示，则该放大电路的通频带为 $B_W = f_H - f_L \approx f_H$。

3-3-4 实验内容及步骤

1. 装接电路图

按图 3-3-1 所示组装好单级共射放大电路，经检查无误后，接通电源+12V。测试电路在线性放大状态时的静态工作点。

输入端从信号发生器接入 $f=1\text{kHz}$，$U_i=30\text{mV}$（有效值）的正弦波，输出端接到示波器 Y 轴输入端，调整电位器 R_P，使示波器上显示的 U_o 波形在不失真的情况下达到比较大，然后关闭信号发生器，即 $U_i=0$，测试此时的静态工作点，并将结果填入表 3-3-1 中。

表 3-3-1　实验数据表

V_E/V	$I_C \approx U_E/R_E$	U_{CE}/V	U_{BE}/V

测量 I_{CQ} 时，为避免变动接线，可以采用电压测量法来换算电流，即只要测出 U_E（发射极对地电压），可利用公式 $I_{CQ} \approx I_{EQ} = U_E/R_E$，算出 I_{CQ}。

2．测试该电路电压放大倍数 A_U

（1）从信号发生器送入 $f=1\text{kHz}$，$U_i=30\text{mV}$ 的正弦电压，用交流毫伏表测量输出电压 U_o，计算电压放大倍数 $A_U=U_o/U_i$。

（2）用示波器观察 U_o 和 U_i 电压的幅值和相位。

把 U_i 和 U_o 分别接到双踪示波器的 CH_1 和 CH_2 通道上，在荧光屏上观察它们的幅值大小和相位。

3．观察非线性失真现象

了解由于静态工作点设置不当，给放大电路带来的非线性失真现象。

调节电位器 R_P，分别使其阻值减少或增加，观察输出波形的失真情况，分别测量出相应的静态工作点，将结果填入表 3-3-2 中。

表 3-3-2　实验数据表

工作状态	输出波形	静态工作点		
		V_E/V	U_{CE}/V	U_{BE}/V

4．测量单级共射放大电路的输入电阻 R_i 和输出电阻 R_o。

5．测量单级共射放大电路的通频带

（1）当输入信号 $f=1\text{kHz}$，$U_i=30\text{mV}$，$R_L=5.1\text{k}\Omega$ 时，在示波器上测出放大器中频区的输出电压 U_{OPP}（或计算出电压增益）。

（2）增加输入信号的频率（保持 $U_i=30\text{mV}$）不变，输出电压将会减小，当其下降到中频区输出电压的 0.707（-3dB）倍时，信号发生器所指示的频率即为放大电路的上限频率 f_L。

（3）同理，降低输入信号的频率（保持 $U_i=30\text{mV}$）不变，输出电压同样会减小，当其下降到中频区输出电压的 0.707（-3dB）倍时，信号发生器所指示的频率即为放大电路的下限频率 f_H。

（4）通频带 $B_W=f_H-f_L$。

3-3-5　实验注意事项

1．组装电路时，不要把三极管的三个电极弯曲，应当将它们垂直地插入面包孔内。

2．先组装好电路和调整好稳压电源，经检查无误后，再接入电路打开电源开关。

3．测试静态工作点时，应关闭信号源。

3-3-6 实验报告要求

1. 认真记录和整理测试数据，按要求填写表格并画出波形图。
2. 对测试结果进行现场分析，找出产生误差的原因。
3. 详细记录组装、调试过程中发现的故障和问题，进行故障分析，并记好排除故障的过程和方法。
4. 写出本次实验的心得体会，以及改进实验方法的建议。

3-3-7 实验思考题

1. 根据测试电路（见图 3-3-1）参数，从获得较大不失真的输出幅度出发，大致估算静态工作点 Q（I_{CQ}，U_{CEQ}）。
2. 估算该电路的动态指标：放大倍数 A_U，输入电阻 R_i 和输出电阻 R_o。
3. 测量放大器静态工作点时，如果所得 $U_{CEQ}<0.5V$，说明三极管处于什么工作状态？如果 $U_{CEQ}≈U_{CC}$，三极管又处于什么工作状态？

3-4 基本运算电路

3-4-1 实验目的

1. 熟悉用集成运算放大器构成基本电路的方法。
2. 学习正确使用示波器 DC、AC 输入方式，学习观察波形的方法，重点掌握积分器波形的测量及分析方法。

3-4-2 实验仪器设备

集成运算放大器	μA741	1只
电阻	100kΩ 2只　10Ω 3只　5.1Ω 1只　9Ω 1只	
电容	0.068μF	1只
电位器	100kΩ	1只
数字万用表		1个

3-4-3 实验原理

本测试采用 μA741 集成运算器放大器和外接电阻、电容等构成基本运算电路。运算放大器是具有高效益、高输入阻抗的直接耦合放大器。它外加反馈网络后，可实现各种不同的电路功率。如果反馈网络为线性电路，则运算放大器可实现加、减、微分、积分运算；如果反馈网络为非线性电路，则可实现对数、乘法、除法等运算。除此之外还可组成各种波形发生器，如正弦波、三角波、脉冲波发生器等。

1. 反向比例运算

在图 3-4-1 所示电路中，设组件 μA741 为理想器件，则：

$$U_o = -\frac{R_f}{R_1} \cdot U_i$$

其输入电阻 $R_{if} \approx R_1$，$R' = R_1 // R_f$。

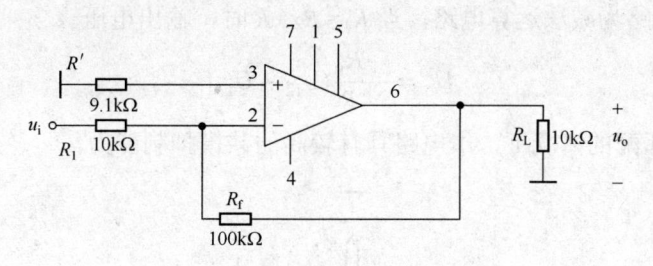

图 3-4-1 反相比例运算电路

由上式可知，选择不同的电阻比值，就会改变运算放大器的闭环增益 A_{Uf}。
在选择电路参数时应考虑如下几个问题。
（1）根据增益，确定 R_f 与 R_1 的比值，即：

$$A_{Uf} = -\frac{R_f}{R_1} U_i$$

（2）具体确定 R_f 和 R_1 的值。
若 R_f 太大，则 R_1 一大，这样容易引起较大的失调和温度漂移（简称温漂）；若 R_f 太小，则 R_1 亦小，输入电阻 R_i 也小，不能满足高输入阻抗的要求。一般取 R_f 为几十千欧至几百千欧。
若对放大器的输入电阻已有要求，则根据 $R_i = R_1$，先定 R_1，再求 R_f。
（3）为减小偏置电流和温漂的影响，一般取 $R' = R_f // R_1$，由于反相比例运算电路属于电压并联负反馈电路，其输入、输出阻抗均较低。

2．反相比例加法运算
在图 3-4-2 所示电路中，当运算放大器开环增益足够大时，其输入端为虚地，U_{i1} 和 U_{i2} 均可通过 R_1、R_2 转换成电流，实现代数相加运算，其输出电压：

$$U_0 = -(\frac{R_f}{R_1} U_{i1} + \frac{R_f}{R_2} U_{i2})$$

当 $R_1 = R_2 = R$ 时，

$$U_o = -\frac{R_f}{R} (U_{i1} + U_{i2})$$

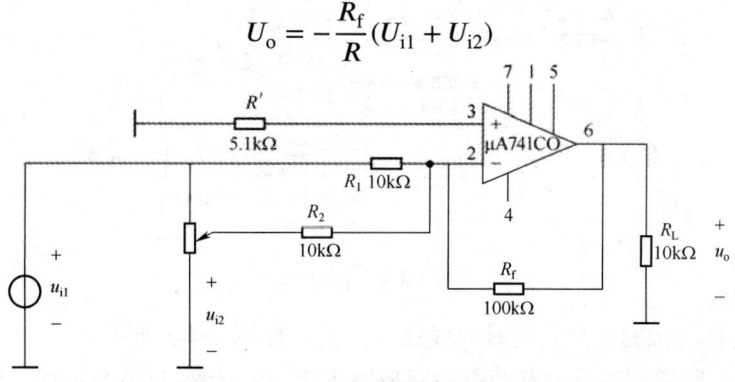

图 3-4-2 反相比例加法运算电路

为保证运算精度，除尽量选用高精度的集成运算放大器外，还应精心挑选精度高、稳定性好的电阻。R_f与R的取值范围可参照反相比例运算电路的选取原则。

3．减法运算

图 3-4-3 所示电路为减法运算电路，当 $R_1 = R_2 = R$ 时，输出电压

$$U_o = -\frac{R_f}{R}(U_{i2} - U_{i1})$$

在电阻值严格匹配的情况下，本电路具有较高的共模抑制能力。

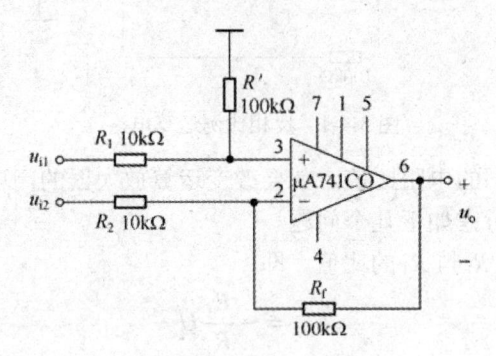

图 3-4-3　减法运算电路

4．积分器

如图 3-4-4 所示，当运算放大器开环电压增益足够大时，可认为 $i_R = i_C$，其中

$$i_R = \frac{U_i}{R_1}, \quad i_C = -C\frac{dU_o(t)}{dt}$$

将 i_R、i_C 代入，并设电容两端初始电压为零，则

$$U_o(t) = -\frac{1}{R_1 C}\int_0^t U_i(t)dt$$

当输入信号 $U_i(t)$ 为幅度 U 的阶跃电压时，则有

$$U_o(t) = -\frac{1}{R_1 C}\int_0^t U_i(t)dt = -\frac{1}{R_1 C}U_i(t)$$

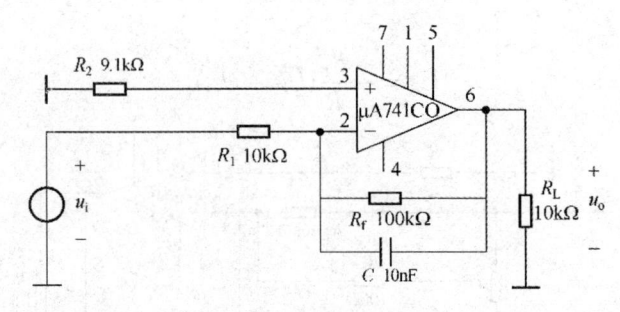

图 3-4-4　积分器

此时输出电压 $U_o(t)$ 的波形是随时间线性下降的，如图 3-4-5 所示。

实际电路中，通常在积分电路两端并联反馈电阻 R_f，用作直流负反馈，目的是减小集成

运算放大器输出端的直流漂移。但 R_f 的加入会对电容 C 产生分流作用，从而导致积分误差。为克服误差，一般应满足 $R_f C \geqslant R_1 C$。C 太小，会加剧积分漂移，但 C 增大，电容漏电也将随之增大。通常取 $R_f > 10 R_1$、$C < 1\mu F$（涤纶电容或聚苯乙烯电容）。

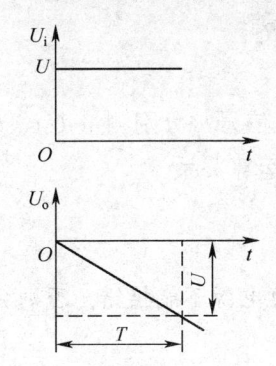

图 3-4-5　输入为 U 的积分器输出波形

本测试所用集成运算发电器 μA741 的外引线列图如图 3-4-6 所示。

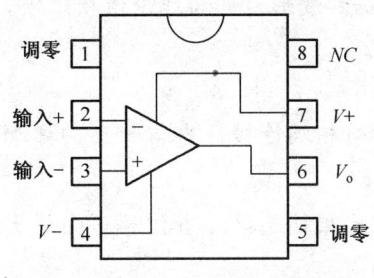

图 3-4-6　μA741 的外引线排列

3-4-4　实验内容

1. 反向比例运算

在该放大器输入端加入 $f=1kHz$ 正弦电压，有效值见表 3-4-1，用交流毫伏表测量放大器的输出电压值；改变 U_i 的大小，再测 U_o，研究 U_i 和 U_o 的反相比例关系，填入表 3-4-1 中。

表 3-4-1　实验数据表

输入电压 U_i/mV		30	100	300	1000	3000
输出电压 U_o/mV	理论估算/mV					
	实际值/mV					
	误差					

2. 比例积分运算

在反比例运算电路的基础上，在 R_f 的两端并联一个容量 $0.068\mu F$ 的电容，构成如图 3-4-4 所示的积分电路。输入端加入 $f=500Hz$、幅值为 1V 的正方波，用双踪示波器同时观察 U_i 和 U_o 的波形，记录在坐标纸上，标出幅值和周期。

3．反相比例加法运算

图 3-4-2 所示电路中接入 f=1kHz 正弦波，调节电位器 R_P，用交流毫伏表测量 U_{i1}、U_{i2} 电压的大小，然后再测 U_o 大小。调节 R_P，改变 U_{i2} 的值，分别记录相应 U_{i1}、U_{i2}、U_o 的数值，填入自拟表格中（此时 $R'=R_f/\!/R_1/\!/R_2$）。

4．减法运算

在图 3-4-3 所示电路中输入同上信号，分别测量 U_{i1}、U_{i2}、U_o 数值。改变 U_{i2} 的大小，再测 U_o，填入自拟表格中。研究减法运算关系。

3-4-5 实验注意事项

μA741 集成运算放大器的正、负电源不能接错，否则会被损坏。

3-4-6 实验报告要求

1．测试前用理论计算出各种运算关系的值，以及描绘出积分器输入和输出的大致波形。
2．记录和整理测试所得数据和波形，并与理论值相比较。

3-4-7 实验思考题

1．若输入信号与放大器的同相端连接，当信号正向增加时，运算放大器的输入是正还是负？
2．若输入信号与放大器的反相端连接，当信号正向增大时，运算放大器的输出是正还是负？

3-5　RC 正弦振荡器

3-5-1 实验目的

1．通过实验，进一步理解文氏电桥式 RC 振荡器的工作原理，负责负反馈强弱对振荡的影响。
2．学习用示波器测量正弦波振荡器的振荡频率、开环幅频特性和相频特性的方法。

3-5-2 实验仪器设备

集成运算放大器	μA741	1 只
电阻	5.1Ω、10Ω、16kΩ	各 2 只
电位器	100Ω	1 只
电容	0.047μF	2 只
数字万用表		1 个

3-5-3 实验原理

RC文氏电桥振荡器电路如图3-5-1所示。图中D_1、D_2的作用是：当U_0幅值很小时，二极管D_1、D_2开路，等效电阻R_f大，$A_{uf}=(R_3+R_f)/R_3$较大，有利于起振；反之，当U_0幅值较大时，二极管D_1、D_2导通，R_f减小，A_{uf}随之下降，U_0幅值趋于稳定。因此，在一般的RC文氏电桥振荡器电路基础上，加上如图3-5-2所示的D_1、D_2有利于起振和稳幅。

考虑到电路振荡的角频率$\omega_0=\dfrac{1}{RC}(f_0=\dfrac{1}{2\pi RC})$，对于图3-5-1所示的RC串并联选频网络，有

$$f_U=\frac{U_P}{U_{12}}=\frac{1}{3+j(\dfrac{\omega}{\omega_0}-\dfrac{\omega_0}{\omega})}$$

当$\omega=\omega_0$时，由上式可得$f=\dfrac{1}{3}$相位移$\varphi=0$。

因此，可画出串并联选频网络的频率特性。

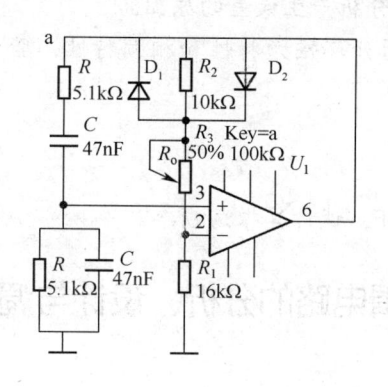

图 3-5-1 RC文氏电桥振荡器   图 3-5-2 迟滞比较器

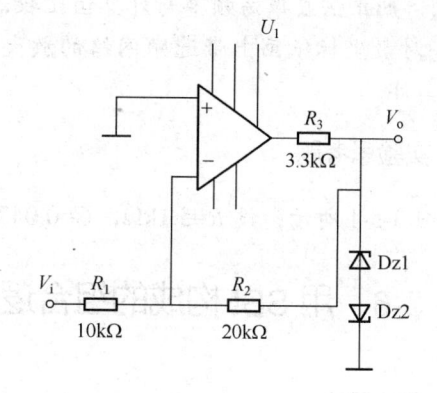

3-5-4 实验内容

1. 按图3-5-1所示接线，调节R_p，观察负反馈强弱（即A_{uf}大小）对输出波形的影响。
2. 调节R_p，使U_0波形基本不失真，分别测出输出电压（有效值）和振荡频率f_0。
3. 测量开环幅频特性和相频特性。

所谓开环就是将如图3-5-1所示电路中的正反馈网络（例如a点）断开，使之成为选频放大器。

（1）幅频特性。

在图3-5-1所示电路（a点断开）中输出信号U_{12}（为了保持放大器工作状态不变，U_{12}的大小应保持与步骤（2）测得的U_0值相同）。改变信号U_{12}的频率（并保持U_{12}大小不变），分别测量相应的U_0值，并记入表3-5-1中。

表 3-5-1 实验数据表

输入信号 U_{12} 的频率/Hz	50	70	100	200	500	f_0	1×10^3	1.5×10^3	7×10^3	10×10^3
输出电压 U_o（有效值）										
U_o、U_{12} 间的相位差/°										

（2）相频特性。

在图 3-5-1 所示电路中（a 点断开）中，输入一信号 U_{12}，改变信号 U_{12} 的频率，测 U_o 与 U_{12} 的相位差并记入表 3-5-1 中。

3-5-5 实验注意事项

测量 RC 文氏电桥正弦振荡器的开环相频特性时，应注意相位差 φ_f 在 f_0 前后会发生极性变化。

3-5-6 实验报告要求

1．将测得的正弦波振荡频率与计算值比较，分析产生误差的原因。
2．用半对数坐标纸画出带选频网络的放大器开环幅频特性和相频特性，验证正弦波振荡器的振荡条件。

3-5-7 实验思考题

电路如图 3-5-1 所示，设 $R=5.1\text{k}\Omega$，$C=0.047\mu\text{F}$，试计算振荡频率。

3-6 用 SSI 构成的组合逻辑电路的分析、设计与调试

3-6-1 实验目的

加深理解用 SSI（小规模数字集成电路）构成的组合逻辑电路的分析与设计方法。

3-6-2 实验仪器设备

74LS00   1 片
74LS10   2 片
数字电路实验箱   1 套

3-6-3 实验原理

组合逻辑电路是最常见逻辑电路之一，其特点是在同一时刻的输出信号仅取决于该时刻的输入信号，而与信号作用前电路原来所处的状态无关。

组合逻辑电路的设计步骤如图 3-6-1 所示，先根据实际的逻辑问题进行逻辑抽象，定义逻辑状态的含意；然后按照给定事件因果关系列出逻辑真值表；再用卡诺图或代数法化简，求出最简逻辑表达式；最后用给的逻辑门电路实现简化后的逻辑表达式，画出逻辑电路图。

若已知逻辑电路，要分析逻辑功能，则分析步骤为：
（1）由逻辑图写出各输出端的逻辑表达式；
（2）列出真值表；
（3）根据真值表进行分析；
（4）确定电路功能。

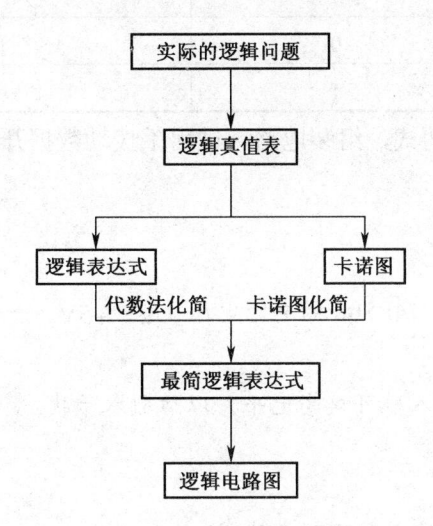

图 3-6-1　用 SSI 构成组合逻辑电路的设计过程

3-6-4　实验内容及步骤

1. 设计一个能判断一位二进制数 A 和 B 大小的比较电路，用 L_1、L_2、L_3 分别表示 3 种输出的三种状态，即 L_1（A>B）、L_2（A<B）、L_3（A=B）。列逻辑真值表如表 3-6-1 所示。

设 A、B 分别接至数据开关，L_1、L_2、L_3 接至逻辑显示器（灯）。将测试结果记入表 3-6-1 中。

表 3-6-1　实验数据表

A	B	L_1（A>B）	L_2（A<B）	L_3（A=B）
0	0			
0	1			
1	0			
1	1			

*2. 设有 A、B 为数据选择控制端，D_0、D_1、D_2、D_3 为数据输入端，L 为输出端，试设计一个能输出四种状态的数据选择器。

注："*"为选做步骤。

A、B 接至数据开关，D_0 接至低电平，D_1 接至高电平，D_2、D_3 分别接至 500Hz 和 1kHz 的方波。列逻辑真值表如 3-6-2 所示。

表 3-6-2　逻辑真值表

地址输入端		数据输出
A	B	L
0	0	D_0，低电平
0	1	D_1，高电平
1	0	D_2，500Hz 方波
1	1	D_3，1kHz 方波

根据真值表写出逻辑表达式，组装电路，试用手拨动数据开关，改变 A、B 状态，用示波器观测并记录输出端的波形。

3-6-5　实验注意事项

1．TTL 集成与非门芯片 74LS00 的电源电压 $U_{cc}=+5V$，一般允许在±10%的范围内变化，不可超过过多，GND 接地。

2．TTL 与非门闲置的输入端可接高电平，以防引入干扰。

3-6-6　实验报告要求

1．根据逻辑真值表，写出最简逻辑表达式。

2．画出逻辑电路图。

3-7　集成触发器

3-7-1　实验目的

1．熟悉并验证触发器的逻辑功能。
2．学会正确使用 CMOS 系列集成芯片。
3．学会用 JK 触发器设计分频电路。

3-7-2　实验仪器设备

数字电路实验箱　　　　　　1 台
双踪示波器　　　　　　　　1 台
CC4027 双 JK 触发器　　　　1 片

3-7-3　实验原理

1．器件说明

本次试验采用 CMOS 双 JK 触发器 CC4027，其功能齐全、用途广泛。图 3-7-1 和表 3-7-1 分别给出了 CC4027 的外引线排列和功能表。

图 3-7-1　CC4027 外引线排列

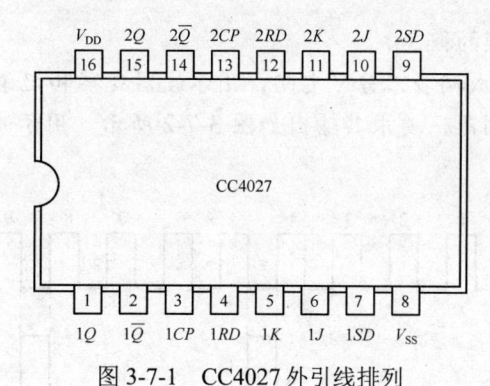

表 3-7-1　功能表

现在状态					CP	下一个状态	
输入				输出		输出	
J	K	S_D	R_D	Q_n		Q_{n+1}	$\overline{Q_{n+1}}$
1	×	0	0	0	↑	1	0
×	0	0	0	1	↑	1	0
0	×	0	0	0	↑	0	1
×	1	0	0	1	↑	0	1
×	×	0	0	×	↓	Q_n	$\overline{Q_n}$
×	×	1	0	×	×	1	0
×	×	0	1	×	×	0	1
×	×	1	1	×	×	1	1

2．用 JK 触发器设计简单的时序逻辑电路

触发器是构成各种时序逻辑电路的基本单元。一般同步时序逻辑电路的设计步骤大致如下：

（1）由给定的逻辑功能求出原始状态图。

（2）状态化简。

（3）状态编码、并画出编码形式的状态图及状态表。

（4）选择触发器的类型及个数，满足 $2^{n-1}<N<2^n$，其中 n 为触发器的个数，N 是电路包含的状态个数。

（5）求电路的输出方程及各触发器的驱动方程。

（6）画逻辑电路图，并检查自启动能力。

（7）组装调试电路。

3-7-4　实验内容

1．将 JK 触发器 CC4027 垂直插入 ELA-D 数字实验箱的管座中，J、K、R_D、S_D 端分别接数据开关 $SW_1 \sim SW_4$，输出端 Q 接 LED 显示，CP 用手动单次脉冲，按表 3-7-1 的内容逐项检验 JK 触发器 CC4027 的逻辑功能。

2．将两个 JK 触发器连接起来，即 $1Q$ 接 $2J$ 和 $2K$；CP 选用实验箱自带的 1kHz 方波。$1J$ 和 $1K$ 接高电平，S_D、R_D 接低电平，用示波器观察并记录 JK 触发器输出波形 $1Q$、$2Q$ 及 CP

波形，理解二分频和四分频的概念。

*3．用双 JK 触发器构成同步三分频电路，用示波器观察和记录 CP、1Q、2Q 波形。

*4．设计时序脉冲控制器，要求其输出如图 3-7-2 所示。用示波器观察和记录 CP、1Q、2Q 以及 L 的波形。

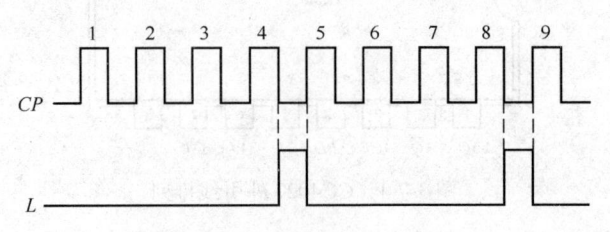

图 3-7-2　时序脉冲控制器波形

3-7-5　实验注意事项

1．严格遵守 CMOS 集成电路的使用规则。
2．用示波器观察 2 个以上电压波形的时序关系，选用频率最低的电压作为同步电压。

3-7-6　实验报告要求

1．画出用 JK 触发器构成四分频电路的电路图。
2．绘出四分频电路的 CP、1Q、2Q 的电压波形，标出幅值和周期。

3-8　计数器和寄存器

3-8-1　实验目的

1．学习计数器 74LS93 的使用。
2．掌握移位寄存器 74LS194 的逻辑功能。

3-8-2　实验仪器及元件

移位寄存器　　　　74LS194　　　1 片
计数器　　　　　　74LS93　　　　1 片

3-8-3　实验原理

1．计数器

计数器 74LS93 是四位二进制计数器。计数频率最高可达 16MHz。它包括了四个主从 JK 触发器和附加门，是二—八进制的计数器。当 CP 从 CP_0 输入，输出 Q_0 接 CP_1 时，这就构成了十六进制计数器，其功能和计数时序分别如表 3-8-1 和表 3-8-2 所示，其外引线排列如图 3-8-1 所示。

图 3-8-1 74LS93 外引线排列

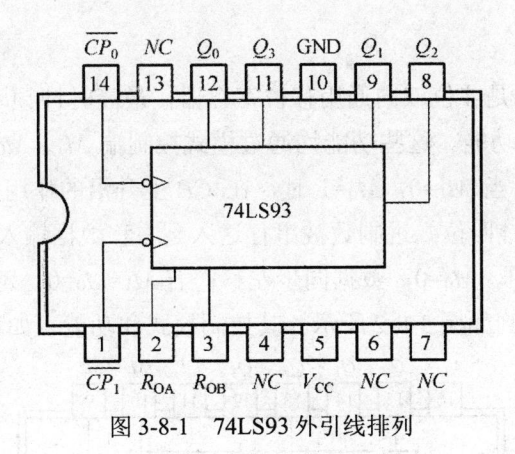

表 3-8-1 功能表

CP	输入		输出
	R_{OA}	R_{OB}	$Q_3\ Q_2\ Q_1\ Q_0$
×	H	H	L L L L
↓	L	×	计数
↓	×	L	计数

表 3-8-2 计数时序表

计数	输出			
	Q_3	Q_2	Q_1	Q_0
0	L	L	L	L
1	L	L	L	H
2	L	L	H	L
3	L	L	H	H
4	L	H	L	L
5	L	H	L	H
6	L	H	H	L
7	L	H	H	H
8	H	L	L	L
9	H	L	L	H
10	H	L	H	L
11	H	L	H	H
12	H	H	L	L
13	H	H	L	H
14	H	H	H	L
15	H	H	H	H

2. 移位寄存器

移位寄存器 74LS194 是 4 位双向通用移位寄存器，最高时钟频率为 36MHz。它具有保持、并行输出、左移和右移的功能。这些功能均通过模式控制端 M_1、M_0 来确定。在 D_0、D_1、D_2、D_3 端输入四位二进制数，当 $M_1=0$，$M_0=1$ 时，在 CP 上升沿的作用下，四位二进制数并行输出，若 $M_1=0$，$M_0=1$，则该四位二进制数被串行送入到右移数据输入端 D_{SR}，在 CP 上升沿作用下，同步右移，若 $M_1=1$，$M_0=0$，数据同步左移；若 $M_1=M_0=0$，寄存器保持原状态。

74LS194 的外引线排列如图 3-8-2 所示。其控制模式和功能表如表 3-8-3 和表 3-8-4 所示。

图 3-8-2　74LS194 外引线排列

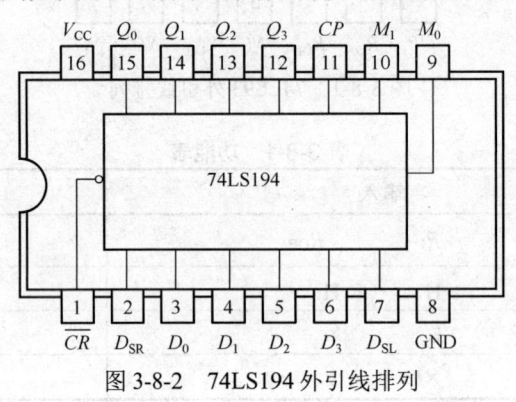

表 3-8-3　控制模式表

M_1	M_0	功能
0	0	保持
0	1	右移
1	0	左移
1	1	并行

表 3-8-4　功能表

	输入						输出				功能
$\overline{CR}$	M_1	M_0	CP	D_{SL}（左移）	D_{SR}（右移）	$D_0\ D_1\ D_2\ D_3$	Q_0	Q_1	Q_2	Q_3	
L	×	×	×	×	×	× × × ×	L	L	L	L	清零
H	×	×	L	×	×	× × × ×	Q_0^n	Q_1^n	Q_2^n	Q_3^n	保持
H	H	H	↑	×	×	$d_0\ d_1\ d_2\ d_3$	d_0	d_1	d_2	d_3	送数
H	L	H	↑	×	H	× × × ×	H	Q_0^n	Q_1^n	Q_2^n	右移
H	L	H	↑	×	L	× × × ×	L	Q_0^n	Q_1^n	Q_2^n	右移
H	H	H	↑	H	×	× × × ×	Q_1^n	Q_2^n	Q_3^n	H	左移
H	H	L	↑	L	×	× × × ×	Q_1^n	Q_2^n	Q_3^n	L	左移
H	H	L	↑	×	×	× × × ×	Q_0^n	Q_1^n	Q_2^n	Q_3^n	保持

3-8-4 实验内容及步骤

1. 参照表 3-8-2 所示功能，测试计数器 74LS93 的计数器功能。$Q_3 \sim Q_0$ 接实验箱自带数码管，CP 接 1Hz 方波或手动脉冲。

2. 参照表 3-8-4 所示功能，测试移位寄存器 74LS194 的逻辑功能。$Q_0 \sim Q_3$ 接 LED 显示，CP 接手动单次脉冲或 1Hz 方波，M_1、M_0 接 SW_1、SW_2。

3. 如图 3-8-3 所示的为移位寄存器环形计数器。选单次手动脉冲或 1Hz 方波作为 CP 的输入，$D_0 \sim D_3$ 用 $SW_1 \sim SW_4$ 分别预置二进制数 0001、0101、0111，观察数据的循环过程。

3-8-5 实验注意事项

1. 集成芯片 74LS93 的电源和地与大多数集成芯片不同。它的正电源 U_{CC} 为第 5 脚，而接地端为第 10 脚，使用时要特别注意，以免接错，造成器件损坏。

2. 图 3-8-3 所示寄存器环形计数器在循环前必须预置一个初始状态（即被循环的二进制数）。所以，必须先使 $M_0 = M_1 = 1$，让初始状态并行输出到 $Q_0 \sim Q_3$，然后改变 M_1、M_0 电平，进行循环。

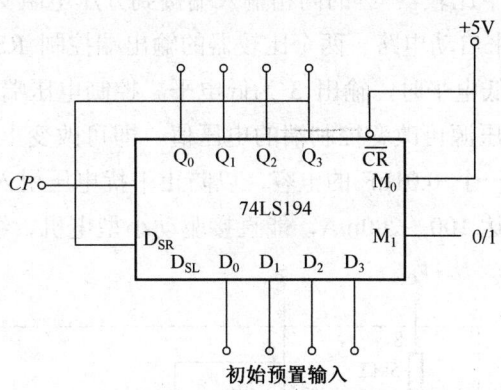

图 3-8-3 移位寄存器构成的环形计数器

3-8-6 实验报告要求

1. 给环形计数器分别预置二进制数 0001、0101、0111，记录输出端数据的循环过程。
*2. 利用 74LS194 设计一个左循环的环形计数器，请绘制出电路图。

3-9 555 集成定时器及应用

3-9-1 实验目的

1. 熟悉 555 集成定时器的组成及工作原理。
2. 掌握用定时器构成单稳态电路、多谐振荡器和施密特触发器等。
3. 学习用示波器对波形进行定量分析，测量波形的周期、脉宽和幅值等。

3-9-2 实验仪器设备

集成定时器	NE555		1片		
电阻	5.1kΩ、100kΩ	2只	10kΩ	1只
电容	0.1μF	1只	33μF	1只

3-9-3 实验原理

1. 555集成定时器简介

555定时器是模拟功能和数字逻辑功能相结合的一种双极型中规模集成定时器件。外加电阻、电容可以组成性能稳定而精细的多谐振荡器、单稳态电路、施密特触发器等，应用十分广泛。

555定时器的内部原理框图和外引线排列图如图3-9-1所示。它是由上、下两个电压比较器、3个5kΩ电阻、1个RS触发器，1个放电三极管以及功率输出级组成。上比较器C_1的反相输出端5接到由3个5kΩ电阻组成的分压网络的$2/3U_{cc}$处（5也称控制电压端），同相输出端6为阈值电压输入端。下比较器C_2的同相输入端接到分压电阻支路的1/3处，反相输入端2为触发电压输入端，用来启动电路。两个比较器的输出端控制RS触发器。RS触发器设置有复位端，当复位端处于低电平时，输出3为低电平。控制电压端5脚是上比较器的基准电压端，通过外接元件或电压源可改变控制端的电压值，即可改变上、下比较器的参考电压。不用时可将它与地之间接一个0.01μF的电容，以防止干扰电压引入。555的电源电压范围是+4.5～+18V，输出电流可达100～200mA，能直接驱动小型电机、继电器和低阻抗扬声器。

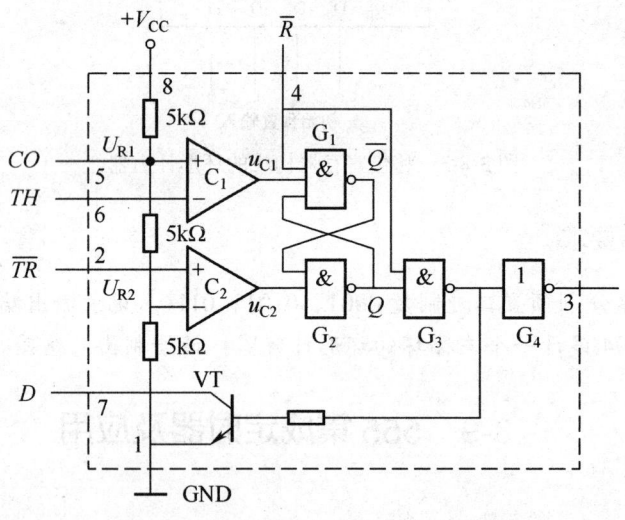

图3-9-1 555集成定时器内部原理框图

2. 555定时器的应用

（1）单稳态电路。

单稳态电路的组成如图3-9-2所示。当电源接通后，V_{cc}通过电阻R向电容C充电，待电

容上电压 U_C 上升到 $2/3V_{cc}$ 时，U_{C1} 为低电平，即输出 V_o 为低电平，同时电容 C 通过三极管放电。当触发端 2 的外接输入信号电压 V_i 小于 $1/3V_{cc}$ 时，U_{C2} 为低电平，即输出 V_o 为高电平，同时，三极管截止。电源 V_{cc} 再次通过 R 向 C 充电。输出电压维持高电平的时间取决于 RC 的充电时间，充电时间即输出波形的脉宽 t_{po} 为 1.1RC。

一般 R 取 $1k\Omega \sim 10M\Omega$，$C > 1000pF$。

值得注意的是：2 脚输入电压 V_i 的重复周期必须大于 t_{po}，才能保证每一个正倒置脉冲起作用。单稳态电路的暂态时间与 V_i 无关。因此，用 555 定时器组成的单稳态电路可以作为精密定时器。

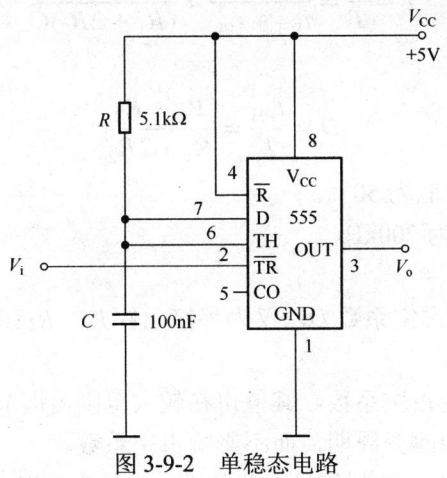

图 3-9-2 单稳态电路

（2）多谐振荡器。

多谐振荡器如图 3-9-3 所示。电源接通后，$U_C = 2/3V_{cc}$ 时，阈值输入端 6 脚受到触发，上比较器输出 U_{C1} 为低电平，即输出 V_o 为低电平，同时放电管导通，电容 C 通过 R_2 放电；当电容上电压 U_C 放电至 $1/3V_{cc}$，即 2 脚的电压小于 $1/3V_{cc}$ 时，下比较器工作，U_{C2} 为低电平，输出 V_o 为高电平，C 放电终止，又重新开始充电。周而复始，形成振荡。其振荡周期与充放电的时间如下。

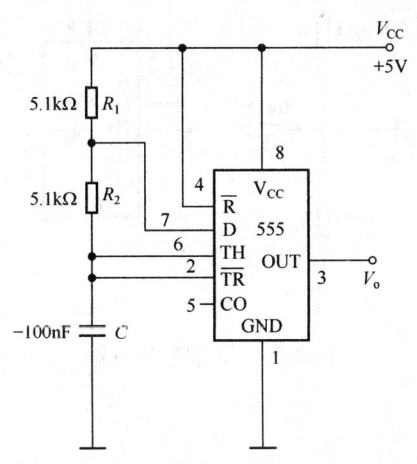

图 3-9-3 多谐振荡器

充电时间
$$t_{PH}=(R_1+R_2)C\ln 2\approx 0.7(R_1+R_2)C$$

放电时间
$$t_{PL}=R_2C\ln 2\approx 0.7R_2C$$

振荡周期
$$T=t_{PH}+t_{PL}\approx 0.7(R_1+2R_2)C$$

振荡频率
$$f=\frac{1}{T}=\frac{1}{t_{PH}+t_{PL}}\approx \frac{1.44}{(R_1+2R_2)C}$$

占空系数
$$D=\frac{t_{PH}}{T}=\frac{R_1+R_2}{R_1+2R_2}$$

当 $R_2>>R_1$ 时，占空系数似为50%。

该电路的最高输出频率为200kHz。

由上分析可知：

1）电路的振荡周期 T、占空系数 D，仅为外接元件 R_1、R_2 和 C 有关，不受电源电压变化的影响。

2）改变 R_1、R_2，即可变占空系数，其值可在较大范围内调节。

3）改变 C 的值，可单独改变周期，而不影响占空系数。

另外，复位端4也可输入一控制信号。复位端4为低电平时，电路停振。

（3）施密特触发器。

施密特触发器如图3-9-4所示。上限触发电平为 $2/3V_{CC}$，下限触发电平为 $1/3V_{CC}$，其回差电压为 $1/3V_{CC}$。在电压控制端5外接可调电压 V_{adj}（1.5～5V），可以改变回差电压。

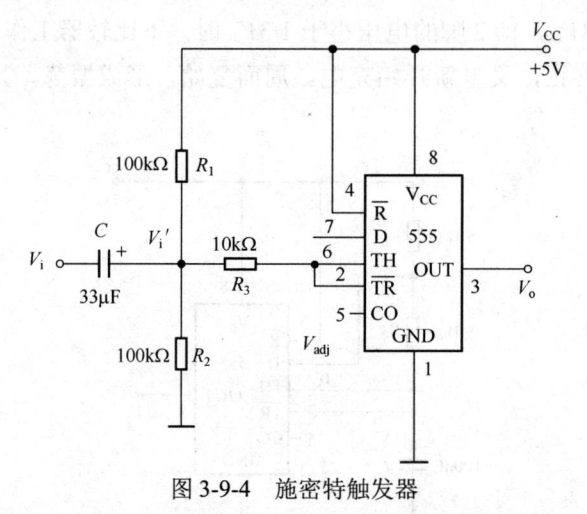

图3-9-4 施密特触发器

3-9-4 实验内容及步骤

1. 用555集成定时器构成单稳态电路，按图3-9-2接线。当 $R=5.1\text{k}\Omega$，$C=0.1\mu\text{F}$ 时，合理

选择输入信号 V_i 的频率和脉宽，以保证 $T>t_{PO}$，使每一个正倒置的脉冲起作用。加输入信号后，用示波器观察 V_i、U_c 以及 V_0 的电压波形，比较它们的时序关系，绘出波形，并在图中标出周期、幅值、脉宽。

2. 在图 3-9-3 中，若固定 $R_1=R_2=5.1\text{k}\Omega$，$C=0.1\mu\text{F}$ 时，用示波器观察并描绘 V_0 和 U_c 波形的幅值，周期以及 t_{PH} 和 t_{PL}，标出 U_c 各转折的电平。

3. 按图 3-9-4 所示电路组成施密特触发器。输入电压为 $V_{ipp}=3\text{V}$，$f=1\text{kHz}$ 的正弦波。用示波器观察并描绘 V_i' 和 V_0 的波形。注明周期和幅值，并在图上直接标出上限触发电平、下限触发电平，算出回差电压。

4. 图 3-9-4 所示电路中，在电压控制端 5 分别外接 2V、4V 电压，在示波器上观察该电压对输出波形的脉宽、上限触发电平、下限触发电平及回差电压有何影响。

3-9-5　实验注意事项

1. 单稳态电路的输入信号选择要特别注意。V_i 的周期 T 必须大于 V_0 脉宽 t_{PO}，并且低电平的宽度也要小于 V_0 的脉宽 t_{PO}。

2. 所有需绘制的波形图要按时间坐标对应描绘，并且要正确地选择示波器的 AC、DC 输入方式，才能正确描绘出所有波形的实际面貌。按要求在图中标出周期、脉宽以及幅值等。

3-9-6　实验报告要求

1. 整理实验数据，绘制实验内容中所要求画的波形，并整理波形的周期、脉宽和幅值。
2. 从频率、幅值、占空比等几方面总结单稳态电路实验中输入信号的选择。

3-10　智力竞赛抢答器

3-10-1　实验目的

1. 熟悉中规模集成电路 D 触发器，与非门等基本电路原理及应用。
2. 熟悉智力竞赛抢答器的工作原理和简单数字系统的设计方法。
3. 了解简单数字系统的测试，调试方法和简单故障排除方法。

3-10-2　实验仪器设备

数字电路实验箱	1 台
元器件　　74S00、74LS20、74LS175、NE666	各 1 片
电阻电容	若干

3-10-3　实验内容

1. 参考电路如图 3-10-1 所示。

智力竞赛抢答器电路是通过逻辑电路来判断哪一个预定状态优先发生的装置，可测试反应能力等。$S_1 \sim S_4$ 为抢答人所用按钮，用实验箱自带的逻辑电平输入。LED$_1 \sim$ LED$_4$（发光二极管分别连接到 74LS175N 的 $1Q \sim 4Q$）显示抢答结果。

2．要求。

（1）复位键 S_C 为"0"时，S_1～S_4 按下无效。

（2）主持人开关 S_A 至"启动"（即 $S_A=1$）位置时：

1）S_1～S_4 无人按下时 LED 不亮。

2）S_1～S_4 有一个按下时，对应的 LED 亮，其余开关再按则无效。

3）复位键 S_C 至"复位"时（即 $S_C=0$ 时），电路恢复等待状态，准备下一次抢答。

3．按上述工作要求测试电路工作情况至少 4 次，即 S_1～S_4 各抢答一次。

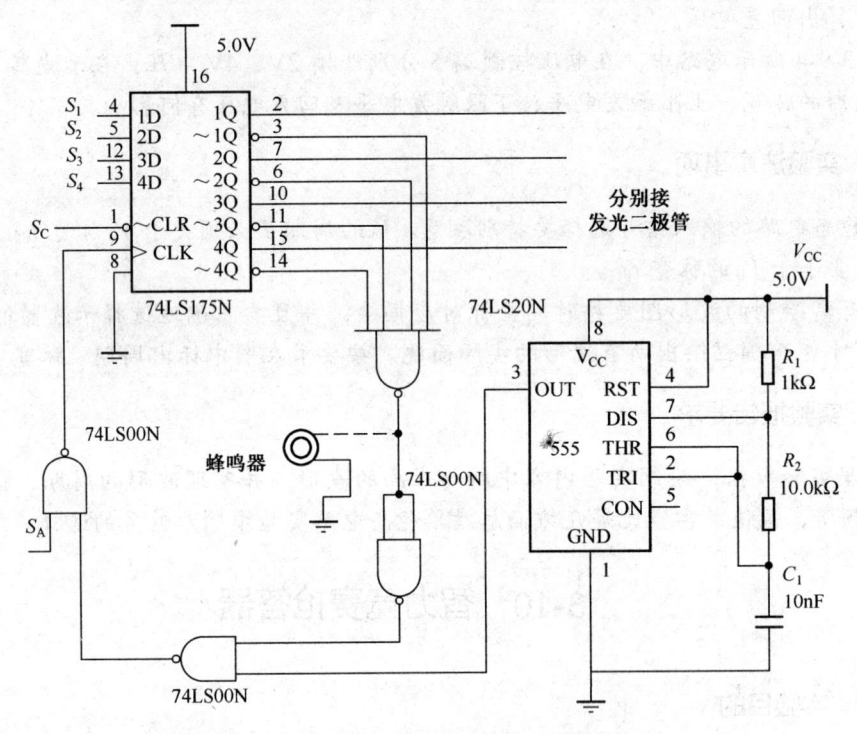

图 3-10-1　智力竞赛抢答器测试电路

第四部分　实验报告页

实验 2-2　叠加定理

一、实验目的

二、实验原理（简述实验原理，绘制电路图）

1. 实验电路图

2. 实验原理

三、实验内容及步骤

预习报告检查栏	

四、实验原始数据记录

表一

	标称值	实测值
R_1		
R_2		
R_3		

表二

电路的状态	实验值						计算值					
	电压（V）			电流（mA）			电压（V）			电流（mA）		
	U_{AC}	U_{BC}	U_{CD}	I_1	I_2	I_3	U_{AC}	U_{BC}	U_{CD}	I_1	I_2	I_3
U_{S1}、U_{S2} 共同作用												
U_{S1} 单独作用												
U_{S2} 单独作用												

五、实验注意事项

实验评分	
教师签名	
实验日期	

六、实验数据整理

表一

	标称值	实测值
R_1		
R_2		
R_3		

表二

电路的状态	实 验 值						计算值					
	电压（V）			电流（mA）			电压（V）			电流（mA）		
	U_{AC}	U_{BC}	U_{CD}	I_1	I_2	I_3	U_{AC}	U_{BC}	U_{CD}	I_1	I_2	I_3
U_{S1}、U_{S2}共同作用												
U_{S1}单独作用												
U_{S2}单独作用												

七、实验思考题

1．根据实验数据验证线性电路的叠加性。

2．用电流实测值及电阻标称值计算 R_1、R_2、R_3 上消耗的功率，以实例说明功率能否叠加？为什么？试用具体数据加以说明。

报告总评	
教师签名	
批改日期	

实验 2-6　功率因数的提高

一、实验目的

二、实验原理（简述实验原理，绘制电路图）

1. 实验电路图

2. 实验原理

预习报告检查栏	

三、实验内容及步骤

四、实验原始数据记录

表一

电容值	测量数值					计算值	
(μF)	U（V）	U_R（V）	U_L（V）	I（A）	P（W）	P_R（W）	$\cos\varphi$
C=0							

表二

电容值	测量数值					计算值
(μF)	U（V）	U_R（V）	U_L（V）	I（A）	P（W）	$\cos\varphi$
$C=$						
$C=$						
$C=$						
$C=$						
$C=$						
$C=$						

五、实验注意事项

实验评分	
教师签名	
实验日期	

六、实验数据整理

表一

电容值 (μF)	测量数值					计算值	
	U(V)	U_R(V)	U_L(V)	I(A)	P(W)	P_R(W)	$\cos\varphi$
$C=0$							

表二

电容值 (μF)	测量数值					计算值
	U(V)	U_R(V)	U_L(V)	I(A)	P(W)	$\cos\varphi$
$C=$						
$C=$						
$C=$						
$C=$						
$C=$						
$C=$						

七、实验思考题

1. 并联电容后，总电流和功率因数有何变化？请说出提高感性负载功率因数的实际意义？

2. 在日常生活中，当日光灯上缺少启辉器时，人们常用什么方法使日光灯点亮？为什么？有时候人们会用一只启辉器去点亮多只同类型的日光灯，这又是为什么？

八、实验报告要求

1. 计算正弦情况下，欲使负载端$\cos\varphi=1$时应并联的电容值。

2. 用坐标纸在同一坐标上画出$\cos\varphi=f(c)$和$I=f(c)$曲线图。

报告总评	
教师签名	
批改日期	

实验 2-7　三相电路的电压、电流和功率的测量

一、实验目的

二、实验原理（简述实验原理，绘制电路图）

1. 实验电路图

2. 实验原理

预习报告检查栏	

三、实验内容及步骤

四、实验原始数据记录

表一

测量数据 负载情况	开灯盏数 A相	开灯盏数 B相	开灯盏数 C相	线电流（A） I_A	线电流（A） I_B	线电流（A） I_C	线电压（V） U_{AB}	线电压（V） U_{BC}	线电压（V） U_{CA}	相电压（V） U_{AO}	相电压（V） U_{BO}	相电压（V） U_{CO}	中线电流 I_O（A）	中点电压 U_{NO}（V）
Y_0接平衡负载	3	3	3											
Y_0接不平衡负载	1	2	3											

表二

测量数据 负载情况	开灯盏数 A相	开灯盏数 B相	开灯盏数 C相	线电流（A） I_A	线电流（A） I_B	线电流（A） I_C	线电压（V） U_{AB}	线电压（V） U_{BC}	线电压（V） U_{CA}	相电压（V） U_{AO}	相电压（V） U_{BO}	相电压（V） U_{CO}	中点电压 U_{NO}（V）
Y接平衡负载	3	3	3										
Y接不平衡负载	1	2	3										

五、实验注意事项

实验评分	
教师签名	
实验日期	

六、实验数据整理

表一

测量数据 负载情况	开灯盏数 A相	开灯盏数 B相	开灯盏数 C相	线电流（A） I_A	线电流（A） I_B	线电流（A） I_C	线电压（V） U_{AB}	线电压（V） U_{BC}	线电压（V） U_{CA}	相电压（V） U_{AO}	相电压（V） U_{BO}	相电压（V） U_{CO}	中线电流 I_O（A）	中点电压 U_{NO}（V）
Y_0接平衡负载	3	3	3											
Y_0接不平衡负载	1	2	3											

表二

测量数据 负载情况	开灯盏数 A相	开灯盏数 B相	开灯盏数 C相	线电流（A） I_A	线电流（A） I_B	线电流（A） I_C	线电压（V） U_{AB}	线电压（V） U_{BC}	线电压（V） U_{CA}	相电压（V） U_{AO}	相电压（V） U_{BO}	相电压（V） U_{CO}	中点电压 U_{NO}（V）
Y接平衡负载	3	3	3										
Y接不平衡负载	1	2	3										

七、实验思考题

1．三相负载根据什么条件作星形或三角形连接？

2．复习三相交流电路有关内容，分析三相星形连接不对称负载在无中线情况下，当某相负载开路或短路时会出现什么情况？如果接上中线，情况又如何？

八、实验报告要求

1．用实验测得的数据验证对称三相电路中的$\sqrt{3}$关系。

2．用实验数据和观察到的现象，总结三相四线供电系统中中线的作用。

报告总评	
教师签名	
批改日期	

实验 2-8　三相异步电动机控制电路设计

一、实验目的

二、实验原理（简述实验原理，绘制电路图）

1．实验电路图

2．实验原理

预习报告检查栏	

三、实验内容及步骤

实验评分	
教师签名	
实验日期	

四、实验注意事项

五、实验思考题

1．你在实验过程中遇到了什么问题？是如何解决的？

2．你能用万用表判断交流接触器与按钮的好坏吗？如何判断？

六、实验报告要求

试比较用接触器控制电机和闸刀控制电机直接起动的优点和缺点。

报告总评	
教师签名	
批改日期	

实验 3-2　整流、滤波与稳压电路的研究

一、实验目的

二、实验原理

三、实验内容及步骤

预习报告检查栏	

四、实验注意事项

五、实验原始数据记录

实验评分	
教师签名	
实验日期	

六、实验数据整理

七、实验思考题

1. 整理测试数据并按测试内容计算。

2. 预习思考题：

根据图 3-2-1 所示电路，U_1=220V、U_2=21V、R_L=2kΩ、I_L=5mA，考虑电网电压有±10%的波动，试选择二极管、稳压管估算限流电阻 R。

报告总评	
教师签名	
批改日期	

实验 3-4　基本运算电路

一、实验目的

二、实验原理（简述实验原理，绘制电路图）

1．实验电路图

2．实验原理

预习报告检查栏	

三、实验内容及步骤

四、实验原始数据记录

表一

输入电压 U_i/mV		30	100	300	1000	3000
输出电压 U_o/mV	理论估算/mV					
	实际值/mV					
	误差					

五、实验注意事项

实验评分	
教师签名	
实验日期	

六、实验数据整理

表二

输入电压 U_i/mV		30	100	300	1000	3000
输出电压 U_o/mV	理论估算/mV					
	实际值/mV					
	误差					

七、实验报告要求

1. 测试前用理论计算出各种运算关系的值,并描绘出积分器的大致波形。

2. 记录和整理测试所得数据和波形,并与理论值相比较。

3. 思考题:

(1) 若输入信号与放大器的同相端连接,当信号正向增大时,运算放大器的输入是正还是负?

(2) 若输入信号与放大器的反向端连接,当信号正向增大时,运算放大器的输出是正还是负?

报告总评	
教师签名	
批改日期	

实验 3-6 用 SSI 构成的组合逻辑电路的分析、设计与调试

一、实验目的

二、设计方案

1. 真值表

2. 实验电路图

预习报告检查栏	

三、实验内容及步骤

四、实验原始数据记录

五、实验注意事项

实验评分	
教师签名	
实验日期	

六、实验思考题

1. 根据逻辑真值表，写出最简逻辑表达式。

*2. 设计数据选择器。

报告总评	
教师签名	
批改日期	

实验 3-8　计数器和寄存器

一、实验目的

二、计数器

1. 计数器管脚图

2. 实验现象

预习报告检查栏	

三、寄存器

1. 管脚图

2. 功能表

3. 电路图

四、实验注意事项

实验评分	
教师签名	
实验日期	

五、实验思考题

1. 给环形计数器分别预置二进制数 0001、0101、0111，记录输出端数据的循环过程。

2. 利用 74LS194 设计一个左循环的环形计数器，请绘制出电路图。

报告总评	
教师签名	
批改日期	

选做实验表

实验名称：

一、实验目的

二、实验原理（简述实验原理，绘制电路图）

1. 实验电路图

2. 实验原理

预习报告检查栏	

三、实验内容及步骤

四、实验原始数据记录

实验评分	
教师签名	
实验日期	

五、实验注意事项

六、实验数据整理

七、实验思考题

八、实验报告要求

报告总评	
教师签名	
批改日期	

选做实验表

实验名称：

一、实验目的

二、实验原理（简述实验原理，绘制电路图）

1. 实验电路图

2. 实验原理

预习报告检查栏	

三、实验内容及步骤

四、实验原始数据记录

五、实验注意事项

实验评分	
教师签名	
实验日期	

六、实验数据整理

七、实验思考题

八、实验报告要求

报告总评	
教师签名	
批改日期	

参考文献

[1] 张双德，胡淑均. 电路与电子技术实验及测试. 广州：世界图书出版广东有限公司，2012.
[2] 秦曾煌. 电工学简明教程（第三版）. 北京：高等教育出版社，2015.
[3] 张静秋，刘子建，张亚鸣. 电路与电子技术实验教程. 北京：中国水利水电出版社，2015.
[4] 邱光源，罗先觉. 电路（第五版）. 北京：高等教育出版社，2006.
[5] 康华光. 电子技术基础（第六版）. 北京：高等教育出版社，2014.
[6] 江家麟，宁超. 电工基础实验指导书（第二版）. 北京：高等教育出版社，1995.
[7] 陈大钦. 电子技术基础实验-电子电路实验设计及现代EDA技术. 北京：高等教育出版社，2008.
[8] 罗杰. 电子线路设计·实验·测试（第五版）. 北京：电子工业出版社，2015.
[9] 沈长生. 常用电子元器件使用技巧. 北京：机械工业出版社，2010.
[10] 郭维芹. 实用模拟电子技术. 北京：电子工业出版社，1997.
[11] 邹逢兴. 集成模拟电子技术. 北京：电子工业出版社，2005.
[12] 陈宝生. 电工电子基础. 北京：化学工业出版社，2004.